과학/인문 교양서

슈뢰딩거의 자연철학 강의
자연과 고대 그리스 철학자들, 과학과 인문주의
에르빈 슈뢰딩거 지음 | 김재영, 황승미 옮김

물리학, 역사, 철학을 아우르는 전설적 명강의 한국어 초역

슈뢰딩거는 양자역학이 이론적으로 정립되는 데 공헌하여 1933년 노벨물리학상을 받았다. 이론가로서 슈뢰딩거의 관심은 물리학에만 그치지 않았다. 슈뢰딩거는 통섭의 본보기였다. 「자연과 고대 그리스 철학자들」은 인간의 이성 중 '과학'이라는 특수한 사고 체계를 형성하는 본성이 현대 물리학과 고대 그리스 자연철학 사이의 연결고리 역할을 하고 있음을 면밀히 추적한다. 「과학과 인문주의」는 만물을 구성하는 기본 단위인 '물질'이란 개념을 이해하는 과정이 물리학의 역사적 발자취였다는 사실을 톺아본다. 또한 매우 좁은 영역의 전문성을 길러내는 과학 교육의 현실을 안타까워하는 모습도 인상적으로 다가온다.

마린 걸스
두 여성 행동생태학자가 들려주는 돌고래 이야기
장수진, 김미연 지음

2023 서울국제도서전 <여름, 첫책> 선정작; 책씨앗 추천도서

2013년 7월 18일은 쇼 돌고래 세 마리의 야생 방류에 성공한 날이다. 이날 이후 제주 남방큰돌고래를 비롯해 한국의 바다에 서식하는 대형 해양동물을 연구 중인 한국 제1호 해양동물 행동생태학자 장수진과 김미연이 10년여의 기록을 담아 펴낸 첫 책이다. 돌고래의 행동생태에 관한 과학 지식과 함께 해양동물 연구의 현장을 생동감 있게 전달한다. 토종 해양생태학자가 열어젖힐 해양과학의 첫장이다.

겸손한 목격자들
철새·경락·자폐증·성형의 현장에 연루되다
김연화, 성한아, 임소연, 장하원 지음

문화일보 북리뷰 필진 2023년 PICK 15

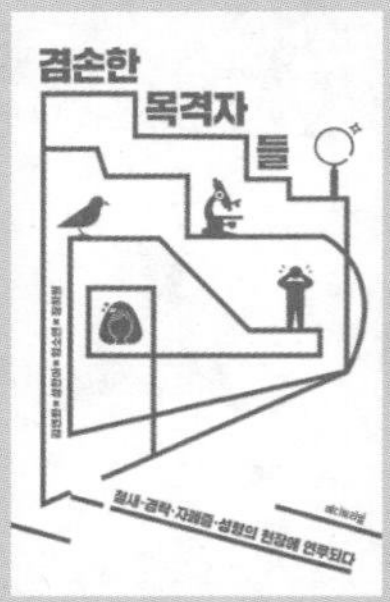

한국 2세대 과학기술학자인 저자들은 민족지를 연구하는 인류학자처럼 과학지식이 실천·생산·유통되는 현장으로 들어가 오랜 기간 관찰하고 기록했다. 각기 다른 장소에 연루된 저자들의 목격담은 블랙박스에 비유되는 과학의 문을 열고 들어가 새로운 관점에서 과학을 이해하도록 돕는다.

세포
생명의 마이크로 코스모스 탐사기
남궁석 지음

2020 우수출판콘텐츠 제작지원사업 선정

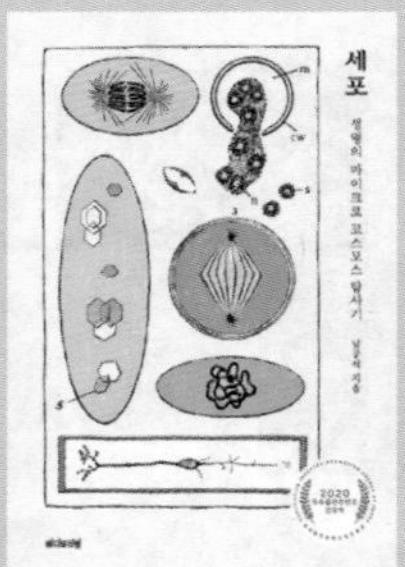

지금까지 밝혀진 세포에 관한 지식이 어떻게 발견되고 확정되었는가에 초점을 맞추어 썼다. 특히 세포 내 생리 작용의 본체인 단백질의 놀라운 역할에 관한 해설이 일품이다. 현대 생물학의 최전선에서 생명 현상의 원리를 통합적으로 이해하도록 이끄는 책.

계산하는 기계는 생각하는 기계가 될 수 있을까?
인공지능을 만든 생각들의 역사와 철학
잭 코플랜드 지음 | 박영대 옮김 | 김재인 감수

과학책방 갈다 주목 신간(2020년 3월)

튜링 연구의 권위자, AI와 컴퓨팅의 원리와 역사에 정통한 석학의 저작. 인공지능이란 화두에 내포된 사회적 철학적 쟁점을 토론에 부쳐 언어를 공유하는 공동체가 현실에 임박한 기계지성체의 존재를 어떻게 이해하고 대해야 하는지에 관한 기준점을 제시한다.

에디토리얼

세계와

2018~2025

에디토리얼
02-996-9430 / 0303-3447-9430
www.editorialbooks.com
editorial@editorialbooks.com
@editorial.books

잠시만요, 밥해 먹고 마감할게요
『피구왕 서영』 황유미 작가 신작 소설 티저 영상

과학기술의 일상사

맹신과 무관심 사이, 과학기술의 사회생활에 관한 기록

박대인, 정한별 지음

APCTP(아시아태평양이론물리센터) 2019 올해의과학도서; 출판콘텐츠창작자금지원사업 선정작; 책씨앗 추천도서

정책의 눈으로 보면 시민이 현실에서 체감하는 과학기술의 면면을 잘 드러낼 수 있다. 한국 사회의 오래된 화두인 기초과학 육성 담론, 이로부터 자연스레 따라나오는 정책적 쟁점들뿐만 아니라, 과학기술이 사회·정치·문화와 직결되어 드러나는 문제적 사례와 현안을 다룬다.

스피노자 매뉴얼

인물, 사상, 유산

피에르-프랑수아 모로 지음 | 김은주, 김문수 옮김

스피노자 철학을 이해하는 가장 신뢰할 만한 길잡이

프랑스를 세계적인 스피노자 연구의 중심지로 만든 세계적 석학의 스피노자 철학 안내서. 모로 교수의 지도로 박사학위를 받은 연세대 철학과 김은주 교수가 책임번역을 맡아 신뢰성을 높였다. 매우 체계적이며 포괄적이고 정치한 연구 성과를 집약하고 있어 스피노자를 배우고자 하는 다양한 수준의 독자들에게 좋은 길잡이가 될 것이다.

Slow Science Manifesto

(가제, 출간 예정)

이자벨 스탕제르스 지음 | 장하원, 김연화 옮김

과학이 거둔 대단한 성취는 더 나은 과학의 가능성을 차단해 온 것은 아닐까? 저명한 화학자이자 과학철학자 스탕제르스는 과학의 오래된 미래상에 관한 시의적절한 성찰을 촉구한다.

돌봄과 연대의 경제학

가부장제 체제의 부상과 쇠락, 이후의 새로운 질서

낸시 폴브레 지음 | 윤자영 옮김

한국일보, 국민일보, 중앙일보 추천

유기체의 기본 단위인 세포에 관한 거의 모든 지식. 세포 내 생리 작용의 본체인 단백질의 다양성은 상상을 초월한다. 생물학계의 최신 연구 사조는 단백질 '디자인'하여 인공세포, 합성생물을 만드는 데 도전하고 있다. 현대 생물학의 최전선에서 생명의 원리를 통합적으로 이해하도록 이끈다.

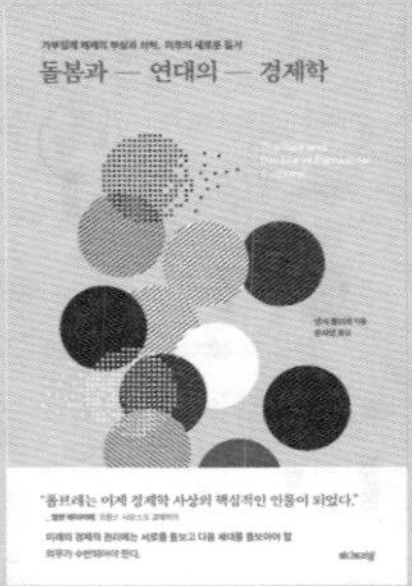

이탈로 칼비노의 문학 강의

문학의 새로운 길을 찾는 이들에게

이탈로 칼비노 지음 | 이현경 옮김

환상문학 거장의 마지막 강의

현대문학과 환상소설의 거장이 남긴 하버드대학 강의록. 칼비노의 문학 세계와 작가론을 이해하는 데 좋은 지도가 되는 책이며, 지난 세기 말엽 문학 무용론이 쇄도하던 시절 칼비노가 문학가로서 내놓고자 했던 응답에 대한 고민과 희망을 엿볼 수 있다.

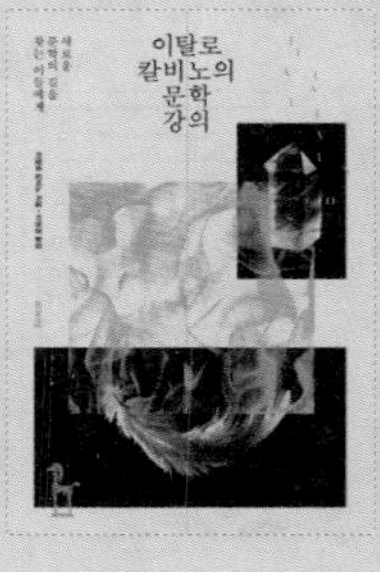

SF가 세계를 읽는 방법

김창규×박상준의 손바닥 SF와 교양

김창규, 박상준 지음

선유도서관 길위의인문학 '아무튼, 일' 선정도서

SF라는 장르가 궁금한 독자를 위한 교양서. "비교적 가까운 미래에 일어날지도 모르는 구체적인 사건을 통해 독자가 현실과 앞날을 한 발짝 떨어져 생각할 기회를 제공"한다는 한 가지 조건 아래 쓰인 초단편 SF 40편과 각 소설이 다루는 과학기술, 그것이 사회에 미칠 영향에 대한 논평과 해설을 곁들였다.

마로 시리즈(Maro Series)

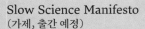

웨이스트 타이드(Waste Tide)

천추판 지음 | 이기원 옮김

중국 양대 SF문학상 '성운상' 장편부문 금상, '화지문학상' 장르문학부문 금상 수상

각종 유해 폐기물의 세계적 매립지였던 작가의 고향이 '실리콘섬'이라는 가상의 무대로 등장한다. 쓰레기 노동자로 팔려 온 미미가 섬에 버려진 의문의 의체에 접촉했다가 참혹한 사건에 말려든다. 환경재난, 계층갈등, 토호와 다국적 자본의 알력, 전세기 비밀 프로젝트 등이 얽혀 "악과 희망이 공존하는"(류츠신 추천사) 비극적 서사가 펼쳐진다.

지금, 다이브

사이버펑크 서울 2123

김이환, 박하루, 박애진, 이산화, 이서영, 정명섭 지음

책씨앗 추천도서

세계적인 메가시티 서울의 100년 후를 사이버펑크적 미래로 상상해보는 SF소설 선집. 종로, 마포, 송파, 구로, 용산, 성북을 배경으로 각 공간의 사회문화적 특색을 반영한 개성적인 여섯 단편을 수록했다.

두 번째 달

기록보관소 운행 일지

최이수 지음

제8회 SF어워드 장편소설 부문 대상 수상

지금 우리 눈앞에 나타난 검은 인공 천체 '두 번째 달'에 저장된 놀라운 기록의 비밀이 벗겨진다.

신령한 것이 나오시니(양장)

그림책 진화 신화

김보영 글 | 김홍림 그림

SF소설 원작의 국내 첫 그림책

『진화 신화』의 그림책 에디션. 건축학을 전공하고 일러스트레이터로 활동 중인 김홍림 작가가 원작의 상상력을 기하학적 화면 구성, 풍성한 색채, 현대적이고 세련된 화폭으로 옮겼다.

진화 신화(양장)

김보영 지음

유력 SF 잡지 《클락스월드》에 최초로 번역; 영미권에 최초로 판권을 수출한 한국 SF소설

모든 생물이 급격하게 진화하는 판타지 세계. 삼국사기의 신화적 기록에서 탄생한 변신 이야기. 김보영 작가의 단편 걸작을 단행본으로 독립시켜 아름다운 그림을 곁들인 양장본으로 새롭게 출간했다. "한국적 상상력의 시원을 보여주는 작품."(정보라 SF작가)

우리가 먼저 가볼게요(양장)

SF 허스토리 앤솔러지

김하율, 오정연, 윤여경, 이루카, 이산화, 홍지운, 이수현 지음

한국 문단의 첫 페미니즘 SF소설 선집

반세기 페미니즘 SF의 계보를 우리의 서사로서 잇고자 한 기획에 여섯 작가가 의기투합해 단편을 발표했다. SF 번역가이기도 한 이수현 작가가 페미니즘 SF를 주제별로 해설하고 추천하는 부록도 실었다.

슈뢰딩거의 자연철학 강의

에르빈 슈뢰딩거 지음
김재영·황승미 옮김

슈뢰딩거의 자연철학 강의

자연과 고대 그리스 철학자들
과학과 인문주의

에디토리얼

차례

추천사

—— 장회익 서울대학교 물리학과 명예교수

슈뢰딩거는 물리학을 포함해 그 어떤 학문을 하더라도 이것이 우리 삶에 어떤 의미를 지니는가를 묻지 않는다면 그건 무의미하다고 생각하면서 그러한 학문의 전형을 찾기 위해 고대 그리스의 학문 세계를 새로운 시각으로 더듬어보고 있다. 그리고 그는 오늘의 양자역학이 인간의 정신세계 안에서 차지하는 의미를 나름의 직관을 통해 모색해 나간다.

이것이야말로 오늘의 학자라면 누구나 추구해보아야 할 일이지만 오늘 그런 학자들을 찾아보기는 매우 어렵다. 그런데 다른 누구도 아닌 양자역학의 창시자의 한 사람인 슈뢰딩거가 여기에 관심을 기울였다는 것은 무척 고마운 일이며 그렇기에 더욱 그 내용에 관심이 쏠리게 된다. 현대의 진정한 학문 정신에 관심을 가지는 사람이라면 누구나 한 번씩 이 책에 눈길을 돌려야 할 이유이다.

서문

—— 로저 펜로즈 노벨물리학상 수상자

40년 전쯤 에르빈 슈뢰딩거의 얇은 책『과학과 인문주의』를 읽었던 일이 생생히 떠오릅니다. 내가 케임브리지 대학원생일 때였을 것입니다. 이 책은 그후 내 사고에 강력한 영향을 주었습니다.『자연과 고대 그리스 철학자들』은『과학과 인문주의』가 출간되기 전에 했던 강연을 바탕으로 삼았지만 몇 년 후에 출판되었습니다. 그래서 당시에는 읽지 못했다는 사실을 고백해야겠습니다. 이제야 처음으로『자연과 고대 그리스 철학자들』을 읽어보았는데 이 책도 예전에 느꼈던 힘과 우아함을 지닌 놀라운 저작입니다.

이 두 책은 좋은 조합을 이룹니다. 주제가 밀접하게 연관되어 있고, 실재의 성질과 고대 그리스 이래 인류가 어떠한 방식으로 실재를 인식해 왔는가를 다루고 있습니다. 문장이 아름다울 뿐 아니라 현 세기 가장 심오한 사상가들의 통찰을 나누어주는 특별한 가치를 지닌 책입니다. 슈뢰딩거는 그의 이름을 붙인 방정식이 있을 만큼 위대한 물리학자입니다. 양자역학의 원리를 담고 있는 이 방정식은 모든 물질의 가장 기본적인 구성 요소가 어떻게 작동하는지를 기술합니다. 그는 철학에 대해서도 심오한 질문을 던졌으며, 인류의 역사와 사회적으로 중요한 문제들을 깊이 사고했습니다.

슈뢰딩거는 이 두 저작물의 서두를 과학과 과학자의

역할에 대한 사회적 문제들을 논하면서 시작합니다. 분명 과학은 현대 세계에 깊은 영향을 미쳤지만, 그렇다고 해서 과학을 해야 하는 진정한 이유를 찾은 것은 아니며 더불어 과학의 영향 자체가 항상 긍정적인 결과를 낳은 것도 아님을 슈뢰딩거는 명확히 밝히고 있습니다. 하지만 그가 이 글을 쓴 주된 목적은 그저 이런 문제들을 논하는 것이 아닙니다. 그는 무엇보다 물리적 실재의 본질 그리고 이 '실재'와 관련해 인류가 서 있는 자리의 본질에 관심을 두었으며, 또한 과거 위대한 사상가들이 이러한 문제들을 어떻게 해결했는가에 관한 역사적 질문에 관심을 기울였습니다. 슈뢰딩거는 이런 문제들이 현대 사상의 기원과는 어떤 관련이 있으며 실제로 어떤 일들이 있었는지 궁금했으나 이런 호기심 이상으로 고대 역사에서 연구해볼 것이 있다고 믿었습니다. 고대 철학자와 과학자의 관점에 대한 매력적이고 통찰력 있는 연구 『자연과 고대 그리스 철학자들』을 통해 고대 그리스인들이 당시에 이룩한 것을 현대 과학이 의심할 여지없이 엄청나게 진전시켰음에도 불구하고, 자신이 믿는바 그리스인의 독특한 관점에서 직접 무언가를 얻었으며, 무엇이 그리스인들을 그런 관점으로 이끌었는지를 분명히 합니다. '나는 어디에서 와서 어디로 가는가?'라는 진정 심오한 의문을 푸는 일에서 우리가 조금이라도 진전을 보았을까요? 슈뢰딩거는 전혀 그렇게 생각하지 않았습니다. 이런 문제에 대한 참된 통찰이 미래에는 가능하리라 낙관하는 것 같기는 합니다.

자연을 구성하는 가장 작은 요소의 스케일로 자연을 이해하는 과정에서 혁명적인 변화가 일어났고 이 변화를 일으킨 선구자 중 한 사람이 슈뢰딩거 자신이었습니다. 그랬기 때문에 슈뢰딩거는 이전 물리학자들과 철학자들의 관점과 관련하여 이러한 변화가 얼마나 중요한지 이해할 수 있는 좋은 위치에 있었습니다. 게다가 내 개인적인 관점으로는, 양자역학에 관한 슈뢰딩거와 아인슈타인의 더 객체적인 철학적 관점이 하이젠베르크와 보어의 '주체적인' 관점보다 훨씬 더 낫습니다. 양자역학이 놀랄 만한 성공을 거두면서 양자 수준의 분자, 원자를 비롯한 다른 구성 입자들에 도대체 '객체적인 실재성'이 있는지 우리는 의문을 품게 되었습니다. 그러나 양자역학의 형식 체계—한마디로 슈뢰딩거 방정식을 의미합니다—가 보이는 놀라운 정확성을 생각하면 양자 수준에서 '실재'가 정말 있음이 틀림없다는 것을 알게 됩니다. 그것은 우리에게는 익숙하지 않지만, 양자역학의 형식 체계에 의해 너무도 정확히 기술되는 '어떤 것'이라고 할 수 있는 정연한 실재입니다.

그러나 양자역학의 형식 체계 자체가 드러내는 양자 수준의 실재는 우리가 매일 경험하는 거시적인 수준의 실재와는 현저히 다릅니다. 슈뢰딩거는 바로 그 양자 수준의 실재를 거장답게 그려서 보여줍니다. 40년 전 『과학과 인문주의』에서 쇠로 된 서진이 어떻게 표현됐는지 생생하게 기억납니다. 그가 어렸을 때부터 알고 있던 그레이트데인종의 개 모양 서진이었는데, 나치가 오스트리아에 들어왔을 때 슈뢰딩거는 서진을 남겨 두고 떠나야 했고 몇 년 후에 되찾았다고 합니다. 다시 찾은 개 모양 서진이 예전의 그 서진과 동일한 것인가라고 묻는데, 이는 어떤 의미일까요? 개별 입자들에 '서로 같음'이란 표식을 붙이는 것은 무의미합니다. 슈뢰딩거는 놀랄 만한 아이러니를 지적합니다. 레우키포스와 데모크리토스 이후 2천 년이 넘는 세월 동안 이어져 온 근본 생각은, 물질은 나뉠 수 없는 기본 단위들로 구성되며 이들 단위 입자들 사이의 공간은 비어 있다는 것입니다. 그러나 이 아이디어는 본질적으로 수용 범위가 매우 다른 간접 추론들에 기반을 둔 공준postulate이었습니다. 그런데 (윌슨의 안개상자를 비롯한 여러 실험 장치에서 볼 수 있듯이) 물질의 원자적인 성질을 보여주는 최초의 직접 증거가 나오기 시작하자마자 양자이론이 우리가 깔고 앉은 러그를 치워버렸습니다. 양자이론이 드러내 보여준 입자는 우리가 생각하던 단단한 알갱이와는 전혀 달랐고, 이해할 수 없는 방식으로 퍼져 나갔습니다. 심지어 개별자의 특성이라고는 전혀 가지고 있지 않았습니다.

슈뢰딩거 시절에 알려져 있던 입자들의 지위가 지금은 어떨까요? 전자는 여전히 나누어질 수 없다고 여겨지지만, 렙톤leptons이라는 더 큰 부류의 입자군으로 분류됩니다. 반면 양성자는 나누어질 수 있으며 쿼크quarks라는 훨씬 더 작은 단위로 구성된다고 여겨집니다. 현대 입자물리학에서 이들은 새로운 종류의 입자(쿼크, 렙톤, 글루온)로 기술됩니다. 이들은 '표준모형'이라고 불리는 기본 입자들입니다. 표준모형에서 쿼크와 렙톤은 구조가 없고 점과 같은 대상입니다. 레우키포스와 데모크리토스 시대부터 물리학자들이 찾아왔던 진정으로 나누어질 수 없는 원소atomic elements가 이들 쿼크와 렙톤일까요?

오늘날 물리학자들이 이런 견해를 고수할 것 같지는 않습니다. 널리 퍼져 있는 사고방식 하나는 끈이론이라는 아이디어를 밀고 있습니다. 끈이론String Theory에 따르면 기본 단위는 점 같은 것이 아니라 '끈'이라고 불리는 작은 고리입니다. 이 고리의 크기는 현대 실험 기술로 접근할 수 있는 수준보다 훨씬 더 작습니다. 최근 몇몇 실험 결과를 보면 쿼크의 구조는 끈이론에서 요구되는 수준보다 훨씬 더 큰 것으로 나타납니다. 기본 단위를 점 같은 것으로 예상하는 표준모형과는 반대되는 결과입니다. 그러나 우리는 그렇게 결론을 내리는 데 신중해야 합니다. 그것이 옳거나 틀렸음을 보여주는 결과가 더 나올 때까지는 말입니다. 얼마간 진전을 보았다 해도 우리가 이런 문제를 궁극적으로 이해하기에는 아직 갈 길이 너무도 멉니다.

게다가 공간과 시간이 실제로 연속성을 띤다고 생각하기 때문에 슈뢰딩거가 매우 골머리를 앓고 있었음을 우리는 이 두 권의 책에서 알 수 있습니다. 양자이론에 따르면,

물질 입자의 상태는 불연속적인 도약을 할 수 있습니다. 개별 입자가 어떤 기본적인 동일성을 가진다는 바람직한 특성과 이 이상한 행태(불연속 도약)를 잘 맞춰보기 위해, 슈뢰딩거는 불연속적인 것은 입자가 아니라 공간 자체라는 아이디어를 이용합니다. 여기서 다시 언급하지 않을 수 없는데, 양자적 입자들의 움직임에서 나타나는 이 '이상함'은 슈뢰딩거 시절에 상상했던 것보다 훨씬 더 기묘합니다. 슈뢰딩거는 1935년 양자얽힘quantum entanglement이라는 수수께끼 같은 현상을 지적했습니다. 이는 아인슈타인, 포돌스키, 로젠이 발표한 연구에 대한 후속 연구였습니다. 그에 따르면, 둘 이상의 입자로 이루어진 계에서 하나의 입자는 실상 개별적인 것이 아니라 나눌 수 없는 전체를 이루는 것으로 여겨야 합니다. 1960년대 중반 존 벨은 이러한 얽힘을 실제로 직접 측정할 수 있음을 보였습니다. 이런 결과에도 불구하고 실재에 대해 우리가 그리고 있는 상像은 여전히 충분히 설명되지 않고 있다고 나는 생각합니다.

슈뢰딩거는 대단한 통찰력을 가지고, 공간-시간 연속성에 대한 단단한 믿음 아래에 어떤 근거들이 있는지 조사하기 위해 고대 그리스 시대로 돌아갑니다. 슈뢰딩거는 그리스 시대 이후 수세기에 걸쳐 수학자들이 최종적으로 도달하게 된 연속성이란 상을 고찰한 다음, 바로 이 상에 혼란스러울 뿐 아니라 자기모순에 가까운 성질이 있음을 지적합니다. 나의 사고에 슈뢰딩거가 엄청난 영향을 미쳤다고 앞서 이야기했습니다. 당시에 공간과 시간이 본질적으로 '보이는' 것과는 다르다는, 즉 아마도 연속적이라기보다는 띄엄띄엄하다는 아이디어가 나를 사로잡았고, 슈뢰딩거의 저작들은 나에게 지대한 영향을 미쳤습니다. 나는 완전히 불연속적으로 조합된 구조로부터 공간 개념이 시작되는 이론을 만들어보려고 많은 시간을 들였습니다. 이러한 시도로 얼마간 성공을 거두기도 했지만, 바닥에 깔린 수학적 개념의 핵심은 대신 복소수($\sqrt{-1}$이 포함된 수)로 규정되는 형식, 연속성이 담긴 그 이상하고 우아한 형식 쪽으로 우리를 끌고 갔습니다. 복소수는 양자이론에서 필수적입니다. (그리고 $\sqrt{-1}$은 슈뢰딩거 방정식에도 분명히 나옵니다.) 내가 연구하여 만들어낸 '트위스터 이론'에서도 복소수가 반드시 필요하고, 끈이론에서도 복소수가 기본입니다. 게다가 복소수는 가장 난해한 수이론(페르마의 마지막 정리를 최근 와일즈Andrew Wiles가 증명한 것 같은)에서도 필수적입니다. 슈뢰딩거가 너무나 곤혹스러워했던, 물리학에서 불연속과 연속 문제의 답은 결국 복소수를 통해 찾을 수 있을 것입니다. 시간만이 해결해줄 것입니다.

1996년 3월, 로저 펜로즈

1부

자연과 고대 그리스 철학자들

1948년 5월 24, 26, 28, 31일

런던 유니버시티칼리지에서 진행된 셔먼 강연

이루 헤아릴 수 없는 도움을 베푼
나의 벗 A. B. 클러리에게 고마움을 전하며

1장
/ 왜 고대 사상으로 돌아가는가

1948년 초에 여기서 다루는 주제로 일련의 대중 강연을 했는데, 그때도 설명과 변명을 구구절절 늘어놓아야 할 것 같은 느낌이 들었습니다. 그때 더블린의 유니버시티칼리지에서 자세히 설명한 내용 중 일부가 여러분 앞에 놓인 작은 책에 들어 있습니다. 근대과학의 관점에 따른 견해를 일부 추가했고, 내가 오늘날의 과학이 보는 세계상에서 고유하고 근본적인 특징들이라고 여기는 것을 짧게 설명했습니다. 서양철학 사상의 초기 단계로 돌아가 추적함으로써 그런 특징들이 역사적으로 만들어졌음(논리적으로 필요하게 되었다는 생각에 반대해서)을 증명하는 것이, 오늘날 과학적 세계상의 특징들을 상세히 설명하는 강연에 나선 나의 진짜 목표였습니다. 그러나 앞서 말했듯이 나는 좀 불편했는데, 특히 이론물리학 교수로서 공식적인 의무이기도 한 강연을 한 후에 특히 더 불편했습니다. 나는 나자신 역시 확신하지 못했음에도 불구하고 다음과 같은 내용을 설명할 필요가 있었습니다. 고대 그리스 사상가들에 대한 이야기와 그들의 관점에 대한 여러 논평을 읽으며 시간을 보내고 있었는데 이것이 그저 최근에 즐기게 된

취미의 일환만은 아니었다는 점, 직업적인 관점으로 보아도 여가로 취급될 시간 낭비에 불과한 일은 아니었다는 점, 근대과학modern science, 그중에서도 근대 물리학modern physics을 이해하는 데 약간이나마 얻는 바가 있지 않을까 하는 희망을 가지고 한 일이었다는 점 등으로 정당화할 수 있습니다.

몇 달이 지난 그해 5월, 런던 유니버시티칼리지에서 동일한 주제로 강연했는데 이때는 훨씬 더 확신이 깊어져 있었습니다(셔먼 강연Shearman Lectures, 1948). 처음에는 내 생각이 테오도르 곰페르츠, 존 버넷, 시릴 베일리, 벤저민 패링턴—이들의 의미심장한 말들은 나중에 다시 인용하겠습니다—과 같은 저명한 고전학자들의 이론으로 뒷받침되고 있다고 생각했으나 곧바로 깨달았습니다. 에른스트 마흐가 보여준 선례와 가르침에 이끌린 다른 과학자들과 달리, 내가 그들보다 이천 년이나 더 오래된 사유의 역사 속으로 뛰어든 것은 우발적인 충동 혹은 나의 개인적인 편향 때문이 아니었다는 사실입니다. 내 이상한 충동을 따라간 것이 아니라, 종종 그렇지만 나도 모르게, 우리 시대의 지적 상황에 어느 정도 뿌리를 두고 있는 사상 흐름에 정신없이 빠져들어 가고 있었습니다. 실제로 최근 일이 년 사이에 책이 몇 권 출판되었는데, 저자들은 고전학자가 아니라 무엇보다 오늘날의 과학 사상이나 철학 사상에 관심이 있는 사람들입니다. 이들은 학문적 노고를 담은 저서에서 상당 분량을 할애하여 고대 문헌들 속에서 현대 사상의 최초의 뿌리를 찾아 해석하고 면밀히 조사한 내용을 담았습니다. 사후에 출판된 고 제임스 진스[1] 경의 『물리과학의 성장*Growth of Physical Science*』이 있습니다. 진스 경은 저명한 천문학자이자 물리학자였으며, 과학 대중화에 놀라운 성공을 거둠으로써 일반에 널리 알려졌습니다. 그리고 버트런드 러셀이 쓴 경탄할 만한 『러셀 서양철학사』가 있습니다. 러셀의 수많은 업적에 대해서는 굳이 여기서 덧붙일 필요도 없고 그렇게 할 수도 없을 것입니다. 하나만 상기한다면 러셀은 현대 수학과 수리논리학 철학자로서 화려한 경력을 시작했습니다. 이 책들은 전체 분량의 3분의 1에 이르는 내용이 고대 사상과 관련돼 있습니다. 동일한 분야의 책으로 『과학의 탄생*Die Geburt der Wissenschaft*』이라는 멋진 책이 있습니다. 앞에서 언급한 책들과 비슷한 시기에 출간되었으며 저자인 안톤 폰 뫼를Anton von Mörl이 인스부르크에서 나에게 보내주었습니다. 뫼를이 연구하는 분야는 고대도 과학도 철학도 아닙니다. 그는 불행히도 히틀러 군대가 오스트리아로 침공해 티롤

1 제임스 진스James Jeans(1877~1946)는 영국의 물리학자이자 천문학자로서 아서 에딩턴과 더불어 영국의 우주론 연구에서 선구적인 역할을 했으며, 우주 공간의 먼지에 대한 연구와 흑체복사 연구로 널리 알려져 있다. 전문적인 저서뿐 아니라 『신비에 싸인 우주』(1930), 『과학의 새로운 배경』(1933), 『과학과 음악』(1937), 『물리학과 철학』(1942), 『물리과학의 발달』(1947) 등 자연철학에 속하는 대중적 저서로도 유명하다. (옮긴이주)

의 경찰국을 접수했을 때 그곳에 있었고, 강제수용소에서 몇 년 동안 고통을 당했습니다. 뫼를은 다행히 고난을 이기고 살아남았습니다.

이런 것을 우리 시대의 전반적인 유행이라고 부르는 것이 온당하다면, 이제 자연스럽게 다음 질문들이 따라 나옵니다. 이러한 유행은 어떻게 시작되었는가? 그 유행을 만든 것은 무엇인가? 이 유행이 진짜 의미하는 바는 무엇인가? 이런 질문들에 완벽하게 답하기란 거의 불가능할 것입니다. 우리가 숙고하고 있는 사유의 흐름이 그 역사가 매우 깊고 우리가 당대인들의 상황을 충분히 조사해서 잘 알고 있음에도 불구하고 말입니다. 아주 최근에 전개된 양상만 다루어서는 기껏해야 거기에 기여한 사실이나 특징 한둘을 짚어낼 수 있을 뿐입니다. 내가 보기에 지금 관념의 역사에 연관된 강한 회고적 성향을 부분적으로나마 설명하는 두 가지 상황이 있습니다. 하나는 인류가 대체로 지성적이고 감성적인 국면에 접어들었다는 것이고, 다른 하나는 거의 모든 기초과학 분야가 엄청나게 위태로운 상황에 처해 있다는 것입니다. 오늘날 기초과학은 기초과학에서 파생하여 고도로 발달한 분야들, 예를 들면 공학, 응용화학(핵화학을 포함한), 의료 기법 및 외과 처치술에 전례 없이 완전히 포위된 상태입니다. 이 두 가지를 간략하게 첫 번째부터 설명해보겠습니다.

버트런드 러셀은 최근[2] 아주 분명히 지적했습니다.

종교와 과학 사이에 적대감이 커지는 것이 우연히 일어난 일들 때문이 아니고, 통념과 달리 서로에 대한 악의 때문에 생겨난 일도 아니라는 것입니다. 슬프게도 과학과 종교 사이의 엄청난 상호 불신은 생길 만하기도 하고 이해도 가는 일입니다. 종교 운동의 주된 임무는 아니더라도 종교 운동이 늘 목표로 삼아 온 것 중 하나는, 항상 인간이 세상에서 겪는 불만족스럽고 당황스러운 상황에 대한 미완성된 이해를 마무리하는 일이었습니다. 또한 종교는 경험을 통해서만 얻는 관점이 당혹스럽게도 '언제든 변할 수 있다'는 사실을 기각함으로써 삶에 대한 확신을 높이고 동료 피조물들을 향한 타고난 자비와 동정심을 북돋우려 합니다. 나는 이러한 인간 본유의 성정은 개인적인 불행이나 극심한 고통을 겪으면 쉽사리 꺾여버릴 수 있다고 믿습니다. 교육받지 못한 보통 사람을 만족시키려 파편화되고 일관성 없는 세계상을 모난 데 없이 다듬는 일이 중요했지만 이제 그런 노력이 다른 무엇보다 물질세계의 모든 특징을 설명하는 데 쓰여야만 하는 상황이 되었습니다. 물질세계의 특징들은 아직 제대로 밝혀지지 않았거나, 배우지 못한 보통 사람이 알아들을 수 있는 방식으로 설명되지 않았습니다. 파편화되고 일관성 없는 세계상을 모난 데 없이 다듬는 일이 간과되지 않은 이유는 간단

2 서상복 옮김, 『러셀 서양철학사』, 을유문화사, 1996.

합니다. 탁월한 자질과 사회적 친화력, 인간사에 대한 깊은 이해를 가진 사람(들)은 대체로 그런 일을 하는 것이 필요하다는 데 공감하기 때문입니다. 이들은 대중에게 영향력을 미치고 도덕적 계몽의 열망을 대중에게 채울 힘을 가지고 있습니다. 이들의 특별한 재능은 제쳐 두고, 성장 과정과 배움을 살펴보면 이들은 대체로 아주 평범한 사람들이었습니다. 물질세계에 대한 이들의 관점은 대중들의 관점만큼이나 근거가 없고 불확실합니다. 어쨌든 이들은 물질세계에 관한 최신 소식을 알고 있었어도 그것이 퍼져 나가는 것은 자신들의 목표와 무관하다고 여겼습니다.

처음에는 별로 혹은 전혀 문제가 되지 않았습니다. 그러나 수세기 후 특히 17세기에 과학이 다시 태어난 후로는 이 문제가 아주 중요해졌습니다. 한편으로 성문화된 종교적 가르침은 경직되어 있었고, 다른 한편으로 과학은 당시의 인식을 뛰어넘어 일상의 삶을 훼손하지는 않더라도 삶을 변화시켜 모든 사람의 마음에 침투했기 때문에 종교와 과학의 상호 불신은 커질 수밖에 없었습니다. 이 불신은 겉보기에 쟁점이 되는 널리 알려진 문제들, 예를 들어 지구가 움직이는가 멈춰 있는가, 인간이 동물계에서 최근에 갈라져 나왔는가 아닌가 하는 엉뚱한 세부 문제들에서 생겨난 게 아닙니다. 이런 논란거리는 극복할 수 있고, 대체로 극복되었습니다. 사실 이런 불안은 훨씬 더 뿌리가 깊습니다. 세계의 물질적 구조에 대해 그리고 환경과 우리 인간의 몸 자체가 자연에 기반한 원인에 의해 어떻게 현재 상태에 도달했는지 점점 더 많이 설명할 수 있게 되면서, 심지어 관심 있는 사람들이라면 누구나 이러한 지식을 얻을 수 있게 되면서 과학적 세계관은 당연히 두려움의 대상이 되었고 신의 손에서 은밀하게 점점 더 많은 것을 빼앗아 왔습니다. 결국 세계는 자립해 갔고 이 세계에서 신은 불필요한 장식품으로 전락할 위험에 처하게 되었습니다. 이런 불안이 전혀 근거가 없는 것이라고 일축해버리는 것도 진심으로 두려움을 품었던 사람들에 대한 정당한 태도가 아닐 것입니다. 사회적으로 또 도덕적으로 위험스러운 불안은 싹트는 법이고, 종종 그래 왔습니다. 너무 많이 아는 사람들이 아니라, 실제로 자신이 알고 있는 것보다 훨씬 더 많이 알고 있다고 믿는 사람들로부터 그랬습니다.

그렇다면 마찬가지로 똑같이 정당화해야 하는 어떤 생각이 있습니다. 말하자면 이 생각은 보완적인 것으로서, 과학이 등장한 순간부터 과학을 괴롭혀 왔습니다. 과학은 반대편의 무지에서 비롯된 방해, 특히 과학적인 척 위장한 방해를 더 조심해야 합니다. 긴 박사 예복을 제멋대로 걸치고 순진한 학자를 불경한 거짓말로 속이는 메피스토펠레스가 떠오릅니다. 내가 하려는 말은 이런 것입니다. 지식을 참되게 추구하는 사람의 경우, 종종 무지한 상태를, 설령 무기한이 될지라도 견뎌내야 한다는 것입니다. 진실된 과학은 어림짐작으로 틈을 메우는 대신 모르는 상태를 견디는 쪽을 택합니다. 이는 거짓말을 한다는 양심의 가책 때문이 아니라, 성가시다는 이유로 거짓으로 틈을 지워버린다면 사리에 맞는 답을 찾고자 하는 열망마저 제거해버리기 때문입니다. 그 여파로 주의가 산만해져 해답이 운 좋게 거의 손에 들어왔을 때조차 놓쳐버릴 수 있습니다. 참/거짓을 명확히 판가름할 수 없는 상태를 꿋꿋이 견디는 것, 아니 그것을 더 깊이 탐구하기 위한 자극이자 길잡이로 여기는 태도야말로 과학자의 정신에서 자연스러우며 없어서는 안 될 성향입니다. 이러한 기질로 인해 과학자는 상을 완성하려 드는 종교적인 목표와 불화하기 십상입니다. 적대적인 두 진영의 태도가 각자의 목적에는 적법하기에 신중히 적용하지 않는다면 그럴 것입니다.

이러한 틈은 해명하기 힘든 약점이라는 인상을 불러일으킵니다. 이런 약점은 그것을 더 깊은 탐구로 나아가게 하는 촉진제가 아니라, 과학이 '모든 것을 설명'함으로써 세계에 대한 형이상학적 관심을 빼앗아 가버릴 것이라는 두려움을 진정시킬 해독제로서 반기는 사람들에게 포착되곤 합니다. 이런 경우라면 누구나 새로운 가설을 세워볼 수 있습니다. 모든 사람이 그럴 자격이 있기 때문입니다. 언뜻 보기에는 명백한 사실들에 단단히 기반을 두고 있는 것처럼 보입니다. 한 가지 의아한 점은, 제안된 설명에 뒤따르는 이러한 사실들이나 편안함이 사람들에게 외면당한다는 것입니다. 외면 자체는 반대가 아닙니다. 왜냐하면 이는 진정한 발견이 일어나는 경우에 우리가 자주 직면하게 되는 바로 그 상황이기 때문입니다. 그러나 더 자세히 들여다보면 이런 기획은 (내가 염두에 둔 사례들에서) 다음과 같은 사실 때문에 그 본성과 상충합니다. 그 기획은 매우 광범위한 질문에 대한 납득할 만한 설명을 제시하는 것처럼 보이지만, 보편적으로 정립된 건전한 과학의 원리들과 상충하며, 그 보편성을 무시하는 척하거나 아니면 대수롭지 않다는 듯 축소해버립니다. 그러면서 후자 즉 보편성을 믿는 것은, 의문시되는 현상을 올바로 규명하는 과정에서 나타나는 편견에 불과하다고 말합니다. 그러나 보편적인 원리를 찾으려 하는 창조적인 열의는 바로 그 원리의 보편성에 의존합니다. 기반을 잃어버리면 모든 힘을 상실하여 더 이상 믿을 만한 길잡이 역할을 할 수가 없습니다. 왜냐하면 개별 사례에 응용할 때마다 그 능력이 도전받을 것이기 때문입니다. 새로운 가설의 약점이 우연한 부산물이 아니라 불길한 목표에 기인한다는 의구심에 쐐기를 박기 위해, 이전의 과학적 업적으로 하여금 그 영토에서 떠날 것을 정중히 요구하고는, 정작 그 영토를 유익하게 이용할 수도 없으면서 찬탄할 만한 재주로 그곳을 종교적 이데올로기의 놀이터로 선언해버립니다. 종교의 진정한 영토는 과학적 설명이 가닿는 어떤 것의 저 너머에 있는데도 말입니다.

이러한 무단 점거 사례로 잘 알려진 것은 과학에 목적성을 재도입하려는 거듭된 시도입니다. 이런 시도를 하는 이유는, 반복해서 나타나는 인과론의 위기가 과학이 무능력한 한손잡이임을 증명하기 때문이라고 주장되지만, 진짜 이유는 세계를 창조한 전능한 신의 권위를 손상시키고 그것이 신으로 하여금 더 이상 세상에 관여하는 것을 허용하지 않을 것이기 때문입니다. 이 경우에 포착되는 약점은 명백합니다. 과학은 진화론에서도, 정신/물질 문제에서도 자신의 가장 열렬한 제자들이 만족할 만한 인과관계의 희미한 윤곽조차 그려낼 수 없었습니다. 이제는 활력vis viva, 생명의 약동élan vital, 생명력entelechy, 전체wholeness, 유도된 돌연변이directed mutations, 자유의지의 양자역학 등도 등장했습니다. 호기심 차원에서 책 한 권을 소개하겠습니다.[3] 출간 당시 영국 저자들이 익숙했던 것보다 훨씬 더 좋은 종이와 더 멋진 형태로 인쇄된 책입니다. 이 책의 저자는 현대물리학을 건전하게 학술적으로 검토한 뒤 원자 내부에 깃든 목적론과 의도성을 기쁜 마음으로 들먹입니다. 원자의 모든 활동과 전자의 움직임, 복사 방출과 흡수 등을 이런 방식으로 해석하여 다음과 같은 시구를 적고 있습니다.

3 Zeno Bucher, *Die Innenwelt der Atome*(원자의 내부 세계), Lucerne: Josef Stocker, 1946.

그리고 이런 유별난 변덕에 맞추려는 희망
변덕을 빚어내 스스로에게 선사한 신.[4]

우리의 일반적인 주제로 다시 돌아가봅시다. 나는 과학과 종교의 반목이 자연스럽게 생겨나게 된 근본 원인들을 설명하려고 했습니다. 그러한 반목으로 벌어진 과거의 싸움들은 너무나 잘 알려져 있어서 더 이상 언급할 필요도 없습니다. 지금 우리의 관심사도 아니지요. 매우 안타깝지만 그들은 여전히 서로에게 관심을 표명합니다. 한쪽에는 과학자들이 있고 다른 쪽에는 형이상학자들이 있습니다. 양측 모두 공식적인 직분을 가진 학식 있는 사람들로, 자신들이 지키려 애쓰는 관점이 결국 동일한 대상(인간과 세계)에 관련되어 있음을 잘 알고 있었습니다. 넓게 벌어진 의견 차이를 해소해야 한다고 느꼈지만, 이 일은 아직 이루어지지 않았습니다. 오늘날 우리가 적어도 교양 있는 사람들 사이에서 목도하는 상대적인 휴전은 두 가지 세계관, 즉 엄밀한 과학적 세계관과 형이상학적 세계관이 서로 조화를 이루어서가 아니라 거의 멸시나 다름없는 무시를 결의함으로써 달성되었습니다. 물리학이나 생물학 저술에서, 설사 대중적인 것이라 해도 주제가 형이상학적인 방향으로 벗어나는 것은 주제넘은 것으로 여겨집니다. 만일 감히 어떤 과학자가 그런 시도를 한다면, 그는 손가

4 Kenneth Hare, *The Puritan*.

락질을 당하고 그의 글이 과학을 공격한 것인지, 아니면 특정한 부류의 형이상학을 두둔한 것인지 가려내는 처분에 맡겨질 것입니다. 한쪽은 오직 과학적인 정보만을 진지하게 받들고, 다른 한쪽은 과학을 인간이 벌이는 세속적인 활동 중 하나로 취급합니다. 후자에게 과학적 발견은 덜 중요하기에 이것이 순수한 생각이나 계시처럼 다른 방식으로 얻은 뛰어난 통찰과 어긋난다면 마땅히 굴복해야 합니다. 이런 양상을 지켜보는 일은 애처로울 정도로 흥미롭습니다.

인류가 서로 다른 구부러진 두 길을 어렵사리 돌아 같은 목표를 향해 분투하며 나아가는 모습을 지켜보자니 안타까운 마음이 듭니다. 눈가리개를 하고 벽으로 분리된 채 모든 힘을 합치려는 시도를 거의 하지 않고, 자연과 인간의 상황을 온전히 이해하지는 못한다 할지라도 최소한 우리의 탐구가 본질적으로는 하나라는, 약화된 인식을 얻으려는 노력조차 별로 하지 않습니다. 이는 유감스러운 일이고, 어떻게 해도 슬픈 광경이 될 것입니다. 우리 수중에 보유한 생각하는 힘을 편견 없이 모두 다 모을 때 얻을 수 있는 것의 범위를 분명히 축소시킬 것이기 때문입니다. 하지만 내가 사용한 은유가 정말로 적절했다면, 다시 말해 다른 두 무리가 각자 다른 길을 따르고 있다면, 그 손실은 지속될 수밖에 없습니다. 실제로는 그렇지 않습니다. 우리 중 다수는 아직 어느 길을 따라갈지 결정하지 않았습니다. 유감스럽게도, 아니 절망적이게도 많은 사람이 이것과 저것을 번갈아 가며 차단해야 한다는 것을 알게 됩니다. 양질의 포괄적인 과학 교육을 받음으로써 종교적 혹은 철학적 안정감을 얻고자 하는 본성적 열망을 완벽히 만족시키는 경우는 확실히 일반적이지 않습니다. 일상 생활의 부침 속에서 더 이상 무엇을 더 갖지 않아도 충분히 행복하다고 느낄 수 있는가 말입니다. 실제로는 과학이 대중적인 종교적 신념을 위협하기에는 충분하지만, 그것을 다른 무엇으로 대체하지는 못하는 일이 다반사입니다. 이로 인해 과학적으로 훈련되고 대단히 유능한 사람이 철학적으로는 믿을 수 없을 정도로 순진한—덜 발달된 혹은 퇴화된—관점을 소유하는, 기괴한 현상이 발생합니다.

만약 여러분이 꽤 편안하고 안정된 생활을 누리고 이것이 삶의 보편적인 모습이라고 여긴다면, 그리고 여러분이 믿는바 필연적인 진보 덕분에 그런 모습이 퍼져 나가 보편적이게 된다면, 당신은 어떤 철학적 세계관 없이도 아주 잘 지낼 것입니다. 영원히는 아닐지라도, 적어도 노쇠해지고 죽음을 하나의 실재로 눈앞에 마주하기 시작할 때까지는. 그러나 근대과학이 등장하고 물질적인 발전이 빨랐던 초기에는 평화와 안전, 진보의 시대가 열리는 것처럼 보였지만, 이런 상황은 이제 더 이상 지배적이지 않습니다. 불행히도 사태는 변해버렸습니다. 많은 사람들, 사실 전 인구가 안락하고 안전한 상태로부터 내던져지고,

엄청난 사별의 고통을 겪었으며, 자신과 살아남은 자녀의 불투명한 미래에 당면했습니다. 진보의 지속은 말할 것도 없고, 더 이상 인류의 생존 자체도 확신할 수 없습니다. 개인적인 고통, 묻혀버린 희망, 눈앞에 닥친 재앙 그리고 세속적인 통치자들의 신중함과 정직에 대한 불신은 사람들로 하여금 엄밀하게 입증할 수 있든 아니든 경험 속의 '세계'나 '삶'이 아직은 불가해할지 모르지만 더 숭고한 맥락에 속한 것이라는 불확실한 희망을 갈망하게 부추깁니다. 그러나 여기에는 벽이 있습니다. 이 벽은 '두 개의 길', 즉 가슴의 길과 순수한 논리의 길을 분리합니다. 벽을 따라 돌아가보죠. 벽을 끌어내릴 수는 없을까, 벽은 항상 거기에 있었을까? 역사 뒤편의 언덕과 계곡 너머 구불구불한 길을 꼼꼼히 살펴보면, 우리는 이천 년이 넘는 세월 너머의 공간에 놓인 멀고 먼 대지를 보게 됩니다. 거기에서는 벽은 낮아져 사라지고, 길은 아직 갈라지지 않은 채 딱 하나만 있습니다. 우리 중 몇 사람은 과거로 돌아가 그 매혹적인 고대의 통일성으로부터 무엇을 배울 수 있을지 알아보는 것이 가치 있는 일이라고 생각합니다.

이제 은유적 표현은 그만두고 내 생각을 말해보겠습니다. 고대 그리스 사상가들의 철학이 지금 우리를 매료시킵니다. 고대 그리스 철학 이전과 이후 세계 어디서도 이와 같이 고도로 발달되고 명료한 지식과 추론 체계는 확립된 적이 없었기 때문입니다. 수세기 동안 우리를 방해했고 오늘날에는 도저히 견딜 수 없게 되어버린 운명적 분리가 없었다면 말입니다. 의견이 크게 갈라져 굉장한 열의를 가지고 또 때로는 명예롭지 못한 수단—무단으로 문헌을 가져와 파괴하는—을 동원해 논쟁을 벌이는 경우도 있었습니다. 그러나 어떤 학자의 의견에 대해 다른 학자가 거론할 수 있는 주제는 한계가 없었습니다. 진정한 주제는 하나이며, 해당 주제의 어느 부분에 관해 도달한 중요한 결론은 일반적으로 거의 모든 다른 부분과 관련될 수 있다는 합의가 있었습니다. 물샐틈없는 칸 나누기로 경계를 짓는다는 생각은 아직 나타나지 않았습니다. 반대로, 상호 연결성에 눈을 감는 사람이 비난을 받기 마련이었습니다. 초기 원자론자들이 그랬습니다. 자신들이 가정했던 보편적인 필요불가결성이 윤리학에서 어떻게 귀결되는지를 두고 침묵했다는 이유로, 또한 원자들이 어떻게 움직이는지, 하늘에서 관찰되는 원자들은 원래 어떻게 마련되었는지 설명하지 못한다는 이유로 비난을 받았습니다. 어떤 극적인 상황을 설정하고 이 문제를 한번 봅시다. 아테네학당을 다니는 젊은 학자가 휴일을 이용해 (학당 원장이 모르게 하려고 주의를 기울이며) [데모크리토스가 살고 있는] 압데라를 방문한다고 상상해봅시다. 그는, 현명하고 멀리 여행을 다녀본 경험도 있으며 세계적으로 유명한 노신사 데모크리토스에게 원자에 대해, 지구의 모양에 대해, 도덕적 처신과 신에 대해 그리고 영혼의 불멸성에 대해 질문하고 답을 얻고자 했을 것이며, 이런 문제들 중 어떤 것에 대해서도 거절당하지 않았을 것입니다. 오늘날 이처럼 중구난방의 주제로 대화하는 학생과 선생을 상상할 수 있을까요? 요즘 젊은이들 상당수가 십중팔구 별나다는 소리를 듣겠지만 이와 비슷한 질문 모음을 마음에 품고 자신이 신뢰하는 사람과 얘기하고 싶어할 것입니다.

고대 사상에 대한 관심이 다시 부상하는 실마리로 제시했던 두 가지 주장 중 첫째에 대해서는 이 정도로 해 둡시다. 이제 둘째 주장, 즉 기초과학이 현재 당면한 위기라는 문제를 꺼내봅시다.

우리 대부분은, 공간과 시간 속에서 일어나는 일에 대해 이상적으로 완성된 과학이 있고, 그런 일들을 원리적으로는 (이상적으로 완성된) 물리학으로 완전히 접근 가능하고 이해 가능한 사건들로 환원할 수 있다고 믿습니다. 그러나 금세기 초 몇 년 동안 최초의 충격—양자이론과 상대성이론이 과학의 근본을 흔들기 시작한 것은 물리학으로부터 비롯한 것입니다. 19세기 위대한 고전시대에는 나무의 성장, 생각하는 인간의 뇌 안에서 일어나는 생리학적 과정이나 제비가 둥지를 짓는 일을 실제로 물리학의 용어로 서술하는 일이 아무리 어려워 보여도, 언젠가는 그 언어를 해독해 설명해낼 수 있으리라 믿었습니다. 물질의 궁극적인 구성 요소인 입자는 서로 상호작용하여 운동하는데, 이 상호작용은 즉각적인 것이 아니라 어디에나 있는 매질(이 매질을 에테르라 불러도 좋고 아니어도 좋습니다)을 통해 전달됩니다. '운동'이나 '전달'이라는 용어 자체는 이 모든 것의 척도와 상황이 시간과 공간임을 의미합니다. 시간과 공간은 그저 배경이 되어줄 뿐 다른 어떤 특성도 역할도 없습니다. 무대라는 것이 그러하듯이 시공간 속에서 우리는 입자가 운동하면서 상호작용이 전달되는 것을 상상합니다. 한편, 상대론적인 중력이론은 '배우'와 '무대'의 구분이 적절치 않다는 것을 보여줍니다. 물질과 그 상호작용을 전달하는 어떤 것이 퍼져 나가는 것(장, 마당field 혹은 파동wave 같은)은 시공간 자체의 모양으로 간주해야 더 마땅합니다. 시공간은 개념상 지금까지 (시공간의) 내용물로 불린 것에 앞서 존재한다고 보아서는 안 됩니다. 말하자면 삼각형의 모서리가 삼각형보다 선행할 수 없는 것과 같습니다. 한편 양자이론은 이전에 입자의 명백하고 근본적인 성질로 여겨져서 거의 언급도 되지 않았던 성질, 즉 입자가 구별 가능한 개체라는 사실이 제한적인 의미를 가진다는 점을 말해줍니다. 하나의 입자가 동일한 종류의 다른 입자들로 너무 붐비지 않는 영역에서 충분히 빠른 속도로 움직일 때만 해당 입자의 정체성이 (거의) 모호하지 않게 유지됩니다. 그렇지 않으면 경계가 흐려집니다. 그렇다고 해서 지금 문제 삼고 있는 입자의 운동을 따라가는 것이 현실적으로 불가능하다는 것은 아닙니다. 절대적인 정체성이라는 개념은 받아들이기 어렵다고 여겨집니다. 하지만 파장이 짧고 세기가 약한 파동 형태로 상호작용할 경우에는 아주 잘 확인되는 입자의 형태를 띱니다. 조금 전까지는 파동이라고 불렀음에도 불구하고 말입니다. 전파 과정의 상호작용을 나타내는 입자들은 각 특정 사례에서 상호작용하는 입자들과는 다른 종류입니다. 그러나 이들도 입자라고 불릴 만한 자격을 갖추고 있습니다. 얘기를 마무리 지으면, 어떤 종류이든 입자들은 파동의 특성을 나타내며, 느리게 움직일수록 그리고 더 밀집되어 있을수록 개별성을 잃고 파동의 성격이 더 뚜렷해집니다.

내가 이 짧은 검토를 통해 논의하고자 하는 바는 '관찰하는 측과 관찰되는 측 사이의 경계를 허물자'라는 말로 보강될 수 있을지도 모릅니다. 많은 사람들이 이것을 매우 중대한 사유의 혁명으로 간주하는데, 내 생각에는 별로 중요하지 않고 잠정적인 관점에 불과한 것을 과대평가하는 듯합니다. 어쨌든 내 요지는 이것입니다. 근대적인 발전은, 그것을 이끈 사람들조차 전혀 이해하지 못하고 있었음에도, 19세기 말까지 상당히 안정되어 보였던 물리학의 단순한 체계로 침범해 들어왔습니다. 그 결과, 어느 정도는 17세기에 주로 갈릴레오와 하위헌스, 뉴턴이 놓았던 기초 위에 쌓아 올린 것을 전복시켰습니다. 기초 자체가 흔들렸습니다. 우리가 더 이상 이 위대한 시대의 주문呪文 아래에 있지 않다는 것은 아닙니다. 우리는 항상 그때 만들어진 기초 개념들을 사용하고 있지만, 이제 그것을 만든 사람들도 그 형태를 알아보기 어렵습니다. 동시에 우리는 한계에 도달했음을 자각하고 있습니다. 근대과학을 주조한 사상가들이 아무것도 없이 맨손으로 시작한 게 아니었음을 떠올려보는 것이 자연스러울 터입니다.

이들은 그 이전 세기로부터 빌려올 게 거의 없었지만, 고대 과학과 철학을 진심으로 되살리고 계승했습니다. 아주 오래전의 업적일 뿐만 아니라 참으로 위대하기에 경외심을 불러일으키는 고대 과학과 철학이라는 이 원천에서, 근대과학의 아버지들이 선입견이 포함된 관념들과 부적절한 가정들을 물려받았을지 모르는데도 그들의 권위로 인해 곧바로 영속하게 되었을 것입니다. 고대에 널리 퍼져 있었던 대단히 융통성 있고 개방적인 정신이 지속되었더라면, 이런 잘못은 끊임없이 숙고되고 바로잡혔을 것입니다. 편견은 시간이 지나면 더 정교해지고 교리로 굳어지기 때문에, 처음 등장한 초기의 꾸밈없는 형태일 때 더 잘 찾아낼 수 있습니다. 과학을 당혹스럽게 만드는 뿌리 깊은 사고 습관 중 일부는 아주 찾아내기 힘들지만 다른 것은 이미 발견되었습니다. 상대성이론은 뉴턴의 절대공간과 절대시간 개념, 다시 말해 절대적인 정지(움직임 없음)와 절대적인 동시성 개념을 폐기했습니다. 그리고 유서 깊은 짝 '힘과 물질'을 최소한 그것이 군림하고 있던 자리에게 몰아냈습니다. 양자이론은 원자론을 거의 무한히 확장했지만, 동시에 더 심각한 위기 속으로 몰아넣었고, 대부분의 사람들은 이를 받아들일 준비가 되어 있지 않았습니다. 전체적으로 보아 근대 기초과학의 현재 위기는 가장 이른 시기의 지층으로 내려가 기초과학의 토대를 고칠 필요가 있음을 보여주고 있습니다.

이 위기는 우리로 하여금 그리스 사상으로 돌아가 끈기 있게 탐구하도록 독려합니다. 이 장의 앞부분에서 짚은 바와 같이, 매몰된 지혜의 발굴뿐 아니라 지혜의 근원에 자리 잡은 뿌리 깊은 오류를 발견할 수도 있습니다. 근원에서는 이를 알아보기가 더 쉽기 때문입니다. 고대의 사상가들은 자연이 실제로 어떻게 작동하는지를 알아낼 수 있는 경험이 훨씬 더 적을 뿐만 아니라 편견도 훨씬 더 적은 경우가 많기 때문에, 이들이 처해 있던 지적 상황에 우리 자신을 밀어 넣어보는 진지한 시도를 통해 이들이 누렸던 사고의 자유를 되찾을지도 모릅니다. 어쩌면 그 자유를 이용하려는 것이겠지요. 비록 그러기 위해서는 사실에 관한 우리의 월등한 지식을 써서 여전히 우리를 혼란스럽게 하는 그들의 초기 실수들을 바로잡아야 하겠지만 말입니다.

인용구로 이 장의 결론을 지어보겠습니다. 첫 인용문은 고대인들이 해온 이야기와 밀접한 관련이 있습니다. 테오도르 곰페르츠Theodor Gomperz의 『그리스의 사상가*Griechische Denker*』[5]에서 번역한 것입니다. 고대 사상은 긴 세월 동안 월등히 나은 정보들에 기반한 더 나은 식견으로 대체되었기 때문에, 그러한 고대의 견해를 연구해봐야 실질적인 소득이 전혀 없다는 주장을 반박하기 위해서 다음과 같이 뛰어난 문단으로 끝나는 일련의 주장을 전면에 내세웁니다.

> 대단히 중대하게 고려해야 하는, **간접적으로** 응용하거나 활용하는 분야를 상기하는 것이 훨씬 더 중요하다. 우리의 지식 교육은 거의 전부 그리스 사상에 기원을 두고 있다. 고대 사상의 압도적인 영향에서 우리 자신을 **해방시키려면** 이 기원을 철두철미하게 알아야 한다. 옛 유산을 인정하지 않는 것은 단순히 바람직하지 않은 것이 아니라 그냥 불가능하다. 고대의 큰 스승들, 플라톤과 아리스토텔레스의 교리와 저술을 알아야 할 필요는 없다. 이들의 이름을 전혀 들어본 적 없어도 된다. 그렇다 해도 우리는 여전히 권위에 매여 있다. 그들의 영향은 고대 이래 근대에 이르기까지 그들의 지식을 물려받은 사람들에 의해 전해져 내려왔다. 그뿐 아니라 우리의 사고 전체, 사고가 움직이는 논리적인 범주, 사고가 사용하는 언어 패턴(사고는 언어 패턴의 지배를 받는다), 이 모든 것이 고대의 위대한 사상가들이 가공하거나 만들어낸 것이다. 성장과 발

5 제1권, 3판, 1911, p. 419.

전의 결과를 초기의 원형으로, 인공적인 것을 자연적인 것으로 착각하지 않으려면 우리는 이 진행 과정을 철저히 조사해야 한다.

다음 구절은 존 버넷John Burnet의 『고대 그리스 철학 *Early Greek Philosophy*』의 서문에서 가져왔습니다. "… 과학은 '그리스 방식으로 세계에 대해 사고하는 것'이라고 말한다면 이는 적절한 표현이다. 왜냐하면 과학은 그리스의 영향을 받은 사람들에게만 존재했기 때문이다." 이 말은 이런 종류를 연구하는 데 '시간을 소모하는' 자신의 성향을 변호하기 위해 과학자가 바라는 가장 간명한 정당화입니다.

그런데 해명이 필요한 것 같습니다. 곰페르츠의 빈 대학 동료였던 물리학자이자 저명한 물리사학자(!) 에른스트 마흐는 수십 년 전에 "불충분하고 형편없는 고대 과학이라는 유물"이라고 말한 적이 있습니다.[6] 마흐는 이렇게 이어갑니다.

우리 문화는 고대 문화 저 위로 날아올라 점차 완전한 독립을 획득해 왔다. 우리의 문화는 완전히 새로운 유행을 따라가고 있다. 또 수학적이고 과학적인 계몽에 중심을 두고 있다. 고대 관념의 흔적들은 아직도 철학, 법제, 예술과 과학에서 꾸물거리고 있는데, 이는 자산이 아니라

6 *Popular Lectures*(일반 강연), 3판, essay no. XVII, J. A. Barth, 1903.

방해물이 되고 있으며, 우리의 시야가 더욱 넓어지는 상황이니 오래 유지될 수는 없을 것이다.

오만하고 조야하지만, 마흐의 생각은 내가 곰페르츠의 글에서 인용했던 대목과 공통된 점이 있습니다. 즉 그리스 사상을 극복해야 한다는 호소입니다. 곰페르츠는 진지한 논쟁을 통해 사소하지 않은 전환을 이루어야 한다는 입장인 반면, 마흐는 터무니없이 과장하며 사소한 면을 붙잡고 늘어집니다. 마흐는 동일한 논문의 다른 구절에서 고대 사상을 넘어서는 색다른 방법을 제안하는데, 말하자면 방치하고 무시하는 것입니다. 내가 알기로, 그는 이 방법으로 별로 성공하지 못했습니다. 다행스러운 사실인데, 위대한 사람들의 실수는 그들의 천재적인 발견과 함께 공표되기 때문에 심각한 혼란을 초래할 가능성이 있기 때문입니다.

2장
/ 이성과 감각의 경쟁

앞 장 말미에서 인용한 버넷의 짧은 글과 곰페르츠의 긴 글은, 말하자면 이 작은 책을 위해 선택한 '텍스트'입니다. 나중에 다음 질문들에 답을 해야 할 때 이 텍스트로 다시 돌아오겠습니다. 세계에 대해 그리스식으로 사고한다는 것은 무슨 뜻일까요? 현재 우리의 과학적 세계관으로 볼 때, 그리스인들에게서 유래한 독특한 특징은 무엇일까요? 그것은 그들만의 특별한 발명품이며 역사적 산물이기에 변할 수 있고 수정될 수 있습니다. 그리고 우리는 뿌리 깊은 습관 탓에 그것을 자연스럽고 포기할 수 없는 것, 세계를 보는 유일하게 가능한 방식으로 간주하기 쉽습니다.

그러나 지금 이 중심 질문으로 들어가지는 않겠습니다. 대신 답을 준비하는 차원에서 우리 주제와 관련이 있으리라 생각되는 고대 그리스 사상 일부를 소개하고자 합니다. 여기서 연대순으로 나열하지는 않을 것입니다. 그리스 철학사를 쓰고 싶지도 않고 그럴 만한 역량도 없으며, 그리스 철학사라면 독자들이 구할 수 있는 훌륭하고 현대적이고 매력적인 책들이 많습니다(특히 버트런드 러셀과 벤저민 패링턴[7]의 책이 있습니다). 시간 순서 대신 주제들에 내재된 연관성이 안내하는 대로 따라가봅시다. 이렇게 하면 각양각색의 질문에 관한 한 명의 철학자 혹은 일군의 철인이 가진 태도가 아니라, 동일한 문제에 대한 다양한 철학자의 생각을 한데 모을 수 있습니다.

우리가 재건하려는 것은 개별적인 인물이나 사유가 아닙니다. 나는 초기에 생겨난 주요 생각이나 사유의 모티프 두어 가지를 선택할 것입니다. 그것은 고대의 수세기 동안 그리스인들의 정신을 깨어 있게 만들었고, 현재까지 논쟁을 불러일으킨 생기 넘치는 문제들과 꼭 같지는 않더라도 깊은 관련이 있습니다. 이러한 주요 생각을 중심으로 고대 사상가들의 교리를 분류해보면, 그들의 지적 기쁨과 불만이 가끔은 예상했던 것보다 우리의 지적 기쁨과 불만에 더 가까이 있다는 것을 느낄 수 있을 것입니다.

고대 그리스의 자연철학이 시작된 이래 수백 년 동안 가장 현저하게, 매우 폭넓게 논의된 질문은 '감각의 신뢰성'을 다룹니다. 어쨌든 이 질문은 현대 학술 저작에서도 그런 제목을 달고 자주 검토되는 문제입니다. 감각이 때때로 우리를 '속이는' 것을 보면 이런 질문이 생깁니다. 곧은 막대기가 반쯤 물에 비스듬히 잠겨 있으면 구부러진 것처럼 보인다거나, 똑같은 물체를 두고 사람마다 다른 반응을 보이는 경우에 그러합니다. 비슷한 사례로 고대에는 황달

7 Benjamin Farrington, 1891~1974, 아일랜드 고전학자. 고대 그리스 과학사에 관한 연구가 대표적이다. (옮긴이주)

에 걸린 사람은 꿀맛을 쓰게 느낀다고 생각했습니다. 최근까지도 몇몇 과학자는 물질, 색, 맛, 냄새 등의 '이차 속성'과 '일차 속성', 즉 연장extension과 운동을 구분하는 데 익숙했습니다. 이러한 구분은 의심의 여지없는 오래된 논쟁의 부산물이자 의도된 합의, 즉 일차 속성은 감각 데이터로부터 직접 산출된 이성을 통해 정제한 추출물이라서 참되고 흔들릴 수 없다는 합의일 뿐입니다. 물론 이러한 관점은 더 이상 받아들여지지 않습니다. 왜냐하면 (이전에는 몰랐다 하더라도) 우리는 상대성이론을 통해 공간과 시간, 그리고 공간과 시간 속에서 물질의 형태shape와 운동motion은 정신mind의 정교하고 가설적인 구성이지, 확고부동한 것도 아니고 하물며 '일차'라는 이름에 값할 만큼 직접적으로 지각되지 않음을 알기 때문입니다.

그러나 감각의 신뢰성은 훨씬 더 깊은 질문들로 들어가는 출발점에 불과합니다. 이 질문들은 오늘날에도 아주 생생히 살아 있고, 고대 사상가들 일부는 온전히 인식하고 있었습니다. 우리가 그리려 했던 세계상은 감각 인식에만 근거하고 있을까요? 세계상을 구성하는 데 이성은 어떤 역할을 할까요? 세계상은 궁극적으로 진정 순수하게 이성에만 기초하는 걸까요?

19세기에 실험을 통해 일련의 사실들을 발견했고 이런 승리 행진 속에서, '순수이성'에 크게 기운 철학적 관점은 유명한 과학자들로부터 매우 나쁜 점수를 받았습니다. 이제 더 이상 그렇지는 않습니다. 아서 에딩턴 경은 순수이성 이론에 점점 더 많이 애착을 가지게 되었습니다. 에딩턴을 극단적으로 따르는 사람은 거의 없겠지만, 그의 설명은 독창적이고 생산적이라고 칭송받았습니다. 막스 보른은 이를 반박하는 소책자를 써야 할 필요가 있다고 생각했습니다. 에드먼드 휘태커는, 겉보기에 순수하게 경험적인 상수들, 예컨대 우주의 총 기본 입자 수도 순수한 이성만으로 추론해낼 수 있다는 에딩턴의 주장에 동조했습니다.[8]

에딩턴의 노력에서 세세한 사항은 무시하고 더 넓은 시각으로 한번 살펴봅시다. 그의 노력은 자연의 합리성과 단순성에 대한 강력한 신념으로부터 생겨난 것인데, 에딩턴만 이렇게 생각했던 것은 아닙니다. 아인슈타인의 놀라운 중력이론도, 올바른 실험 증거에 기초하고 그가 예측했던 새로운 관찰 사실들로 뒷받침되었는데, 단순하고 아름다운 이론에 강렬하게 이끌린 천재만이 발견할 수 있는 것이었습니다. 아인슈타인의 매우 성공적인 개념을 일반화하여 전자기와 핵 입자들의 상호작용을 통합하려는 시도들이 나타났으니, 여기에는 자연이 작동하는 방식을 '추측'하고, 단순하고 아름다운 원리에서 실마리를 얻으

8 영국의 천문학자 아서 에딩턴은 순수이성의 추론만으로 우주 안에 있는 모든 양성자와 전자의 수가 $2 \times 136 \times 2^{256}$임을 계산했으며, 전자의 질량이나 플랑크 상수 등도 모두 순수한 추론으로 계산하는 데 성공했다고 발표했다. (옮긴이주)

려는 갈망이 한몫을 했습니다. 사실 이러한 태도의 흔적은 현대 이론물리학의 업적에서 많이 발견할 수 있습니다. 너무 많지만, 여기에서 논할 필요는 없습니다.

자연의 실제 작동 방식을 이성을 사용해 선험적으로 구성해내려는 시도에 대한 극단적인 관점은, 최근에는 한쪽 끝에는 에딩턴의 이름으로, 다른 쪽 끝에는 말하자면 에른스트 마흐의 이름으로 나타납니다. 이러한 양극단 안쪽에 들어갈 수 있는 모든 태도들, 하나의 관점에 딱 달라붙어 옹호하고 기각된 대안을 공격하고 심지어 조소하는 충만한 열의는 고대의 위대한 사상가들 중에서도 눈에 띄는 후보들을 발견할 수 있습니다. 실제 자연법칙에 대해 아주 열악한 지식을 가지고 개인적으로 더 선호하는 생각을 옹호하느라 빈약한 근거와 성마른 열정에 기반한 견해들을 계속 발전시켰다는 사실에 놀라야 하는지, 아니면 그런 논쟁이 아직도 가라앉지 않았고 그후 우리가 얻은 폭넓은 식견으로도 해소되지 않았다는 사실에 의아해해야 하는지 정말 모르겠습니다.

파르메니데스는 기원전 480년경(소크라테스가 아테네에서 태어나기 약 10년 전, 그리고 데모크리토스가 압데라에서 태어나기 십 수년 전) 이탈리아 엘레아에서 활약했습니다. 그는 극단적으로 감각에 반대하고 연역적으로 추론되는 세계관을 만들어낸 최초의 인물 중 하나입니다. 파르메니데스의 세계에는 사실에 관한 것이 거의 없어서 관찰된 사실들과 완전히 모순되는 것도 없었습니다. 그래서 그는 '참된' 개념과 함께 (이른바) '있는 그대로의 세계', 즉 하늘, 해, 달, 별 그리고 그외 많은 것에 관해 매력적으로 서술하려 했습니다. 하지만 파르메니데스는 결국 이것은 그저 우리의 믿음일 뿐이며 감각이 우리를 속인다고 말했습니다. 파르메니데스의 세계에는 사실 많은 것이 아니라 하나One Thing, 一者가 있을 뿐이었습니다. 그리고 이 일자一者는 존재하지 않는 것에 대립해서 존재하는 것입니다(이렇게 표현할 수밖에 없음을 양해해주길 바랍니다). 존재하지 않는 것은 순수한 논리에 따라 존재하는 것이 아니며, 따라서 앞서 말한 일자만이 유일하게 존재합니다. 게다가 이 일자는 공간상 존재하지 않을 어떤 장소도 없고 시간상 존재하지 않을 어떤 순간도 없습니다. 왜냐하면 그것은 존재하는 것이므로 어떤 경우에도 결코 존재하지 않는다는 모순적 술어를 가질 수 없기 때문입니다. 그러므로 그 일자는 어디에나 있고 영원합니다. 어떤 변화도, 어떤 운동도 있을 수 없습니다. 왜냐하면 이전에 없던 빈 공간으로 움직일 수는 없기 때문입니다. 이와 반대되는 것을 입증한다고 믿는 모든 것은 속임수입니다.

멋진 그리스어 문장으로 낭송되긴 했지만, 독자는 우리가 과학적 세계관이 아니라 종교와 마주하고 있다는 것을 알아챘을 것입니다. 그러나 당시에는 그런 구분이 나타나지 않았을 것입니다. 파르메니데스에게 신을 향한 종교나 경건함은 의심할 여지없이 확실한 '믿음'의 세계에 속했을 것입니다. 그의 '진리'는 일찍이 구상된 것 중 가장 순수한 일원론입니다. 그는 한 학파(엘레아학파)의 시조였고, 후세대들에게 엄청난 영향을 미쳤습니다. 플라톤은 자신의 '형상론'에 대한 엘레아학파의 반대를 매우 심각하게 받아들였습니다. 우리의 현인 파르메니데스의 이름을 딴 플라톤 대화록의 시간적 배경은 그가 태어나기 한참 전으로 소크라테스가 젊은 시절입니다. 여기서 플라톤은 형상론에 대한 반대 의견들을 소상히 다루지만 논박하려는 시도는 거의 하지 않습니다.

세부 내용을 채워봅시다. 아마 그 이상이 될 듯싶은데요. 앞서 내가 간략히 설명한 내용은 파르메니데스에 대한 일반적인 평가를 따른 것으로, 그의 교리는 물질세계를 말하는 것처럼 보입니다. 하지만 그 세계는 관찰에 반할지라도 자신이 보고 싶은 대로 본 무언가로 대체해버린 세계입니다. 그러나 파르메니데스의 일원론은 그보다 더 깊었습니다.

사유하는 것과 존재하는 것은 동일하다.

이것은 딜스[9]가 파르메니데스의 단편 5에서 인용한 문장 중 하나입니다. 이 문장은 아리스토파네스에 나오는

9 Diels, *Die Fragmente der Vorsokratiker*(소크라테스 이전 철학자 단편 모음), 1903년 초판.

"사유하는 것은 행위하는 것과 똑같은 힘을 갖는다."라는 문장 바로 뒤에 (의미의 유사성을 암시하면서) 나옵니다. 다시 단편 6의 첫째 줄에는 이렇게 쓰여 있습니다.

> 말하는 것과 사유하는 것은 둘 다 **존재하는** 것이다.

그리고 단편 8의 서른넷째 줄 이하에는 이렇게 쓰여 있습니다.

> 사유하는 것과 사유가 존재하는 이유는 하나이며 동일하다.

(나는 버넷의 반대 의견은 받아들이지 않고 그리스어의 부정사를 만들기 위해서는 정관사가 필요하다는 딜스의 해석을 따랐습니다. 그에 따라 나는 '사유하는 것the thinking'과 '있는 것the being'을 문장의 주어로 옮겼습니다. 버넷의 번역에서 단편 5는 아리스토파네스의 언명과 유사성이 없고, 단편 8의 문장은 "사유될 수 있는 것과 사유가 존재하기 위한 이유는 동일하다."로 번역되었는데, 완전히 동어반복이 되었습니다.)

플로티노스의 논평(딜스가 인용한 단편 5)을 덧붙이고자 합니다. 그는 다음과 같이 말합니다. "파르메니데스는 존재하는 것과 이성을 하나로 통합했고, 존재하는 것을 감각할 수 있는 것으로 생각하지 않았다. 그는 '사유하는 것과 존재하는 것은 동일하기 때문이다'라고 말하면서, 존재하는 것에 운동이 없다고 말했다. 존재하는 것을 사유하는 것에 연결함으로써 물체의 운동을 모두 제거해 버렸기 때문이다.” [… εἰς ταὐτὸ συνῆγεν ὄν καὶ νοῦν καὶ τὸ ὂν οὐκ ἐν τοῖς αἰσθητοῖς. ‘τὸ γὰρ αὐτὸ νοεῖν ἐστίν τε καὶ εἶναι’ λέγων καὶ ἀκίνητον λέγει τοῦτο, καίτοι προστιθεὶς τὸ νοεῖν σωματικὴν πᾶσαν κίνησιν ἐξαιρῶν ἀπ’ αὐτοῦ.]

파르메니데스가 있는 것(온ὄν, the thing that is)과 사유하는 것(노에인νοεῖν, thinking)과 사유(노에마νόημα, thought)를 구분하는 방법을 거듭 강조하고 있고, 또 고대 사상가들이 그의 주장을 인용하는 방식을 보면, 파르메니데스의 영원부동한 하나는 우리를 둘러싸고 있는 실제 세계를 변덕스럽게 그리고 왜곡시켜 부적합하게 만들어낸 정신적인 이미지가 아니라고 추론해야 합니다. 그것은 마치 현대 물리학자들이 초구 아인슈타인-우주hyperspherical Einstein-universe라고 부르고 싶어 하는, 경계 없는 모든 공간을 채우는 균질하고 교란되지 않는 유체 같은 것(성질)입니다. 파르메니데스는 우리 주변의 물질세계를 주어진 실재로 여기지 않으려고 합니다. 파르메니데스는 참된 실재를 사유, 즉 우리가 인식의 주체라고 부르는 것에 종속시킵니다. 우리 주변의 세계는 감각의 산물이고, 생각하는 주체의 ‘믿음을 거친’ 감각 지각에 의해 생성된 이미지입니다. 이 시인-철학자는 자신의 시 후반부를 온전히 할애해 참된 실재는 숙고하고 설명할 가치가 충분히 있다는 것을 보여줍니다. 그러나 감각이 산출하는 것은 실제 세계가 아니며, 칸트가 말한 ‘물자체’도 아닙니다. 물자체는 주체 안에 거주하며, 사유할 수 있고 적어도 어떤 정신적 과정을 수행할 수 있는, 쇼펜하우어에 따르면 맹목적인 의지를 가진 주체 안에 거주합니다. 이것이 파르메니데스의 영원불멸하고 운동하지 않는 일자라고 나는 믿어 의심치 않습니다. 일자는 본질적으로 감각들이 그것에 남긴 일시적인 흔적에 의해 영향을 받지 않으며 변하지도 않습니다. 쇼펜하우어는 의지에 대해 똑같은 주장을 했는데, 그가 설명하고자 했던 것은 칸트의 '물자체'였습니다. 우리는 정신(영혼이라고 해도 좋습니다)과 세계와 신을 통합하려는, (시의 형식을 갖추었기 때문에 시적일 뿐 아니라) 시적으로 표현된 시도를 마주하고 있습니다. 하나oneness이며 불변하는 정신이라는 막강한 인식 앞에서 만화경과 같은 세계상의 명백한 특성은 무너지고 그저 환상으로 치부됩니다. 이런 논리가 터무니없는 왜곡으로 귀결되는 것은 너무 당연한데, 이 왜곡은 파르메니데스의 시의 둘째 부분에서 바로잡혔습니다.

사실 이 둘째 부분은 파멸적인 모순을 내포하고 있으며, 어떤 해석으로도 모순이 제거될 수 없을 것입니다. 만약 감각으로 만들어진 물질세계에서 실재가 폐기된다면, 감각은 메 온μὴ ὄν, 즉 실제로 존재하지 않는 어떤 것이 될까요? 그렇다면 둘째 부분은 지어낸 이야기이고, 전부가 있지 않은 것에 대한 이야기일까요?

그러나 이 이야기는 적어도 인간의 믿음(독사이δόξαι)

을 다루고 있다고 알려져 있습니다. 믿음은 마음(노에인 νοεῖν) 안에 있으며, 마음은 존재(에이나이εἶναι)와 동일합니다. 그러면 믿음은 마음 현상처럼 어떤 존재가 아닐까요? 이런 것은 우리가 답할 수 없는 질문이며 제거할 수 없는 모순입니다. 보편적으로 받아들여지는 생각에 반하는, 깊이 숨겨진 진리를 처음 접한 사람은, 자기 자신을 논리적 모순에 빠뜨리기 쉬운 방식으로 자신의 발견을 대체로 과장한다는 것을 기억하는 것으로 만족합시다.

이제 방향을 돌려보겠습니다. 진리의 주요 원천이 직접적인 감각 정보인지 추론하는 인간의 마음인지, 그리고 어느 것이 더 풍부하게, 혹은 정확히 말해서 실재를 말해주는 유일한 주장인지, 이 질문에 대해 가능한 입장들 중 양 극단을 대표하는 인물의 관점을 간단히 들여다보겠습니다. 순수한 감각주의의 걸출한 전형으로 우리는 기원전 약 492년 압데라에서 태어난 위대한 소피스트 프로타고라스를 들 수 있습니다(이때로부터 약 한 세대 후인 기원전 460년은 위대한 데모크리토스가 태어난 해입니다). 프로타고라스는 오로지 감각 지각만이 실제로 존재하며, 우리의 세계상을 구성하는 유일한 재료material라고 여겼습니다. 원칙적으로 감각 지각들은 모두 다 똑같이 참된 것으로 받아들여집니다. 열, 질병, 중독, 광기로 인해 감각 지각이 달라지거나 왜곡되는 경우에도 그렇습니다. 고대의 사례로, 다른 사람들에게는 단맛이 나는 꿀이 황달에 걸린 사람에게는 쓰다는 이야기가 있다고 했지요. 프로타고라스는 어느 경우이든 '그렇게 느껴지는 것' 혹은 환각과 관련지어 말하지 않았지만, 설사 그렇다(무관하다고) 하더라도 비슷한 이상 증상에 사로잡힌 사람들을 치료하려 애쓰는 것이 우리의 의무라고 말했습니다. 이오니아학파의 계몽에 깊은 관심을 가지고 있었지만(이에 대해서는 나중에 이야기할 것입니다) 프로타고라스는 (파르메니데스와 마찬가지로) 과학자는 아니었습니다. 패링턴에 따르면 프로타고라스의 노력은 보편적 인권을 지지하고, 사회체제의 공정성을 촉진시키고, 모든 사람에게 동등한 시민권을 부여하는, 요컨대 진정한 민주주의를 실현하는 데 집중되어 있었습니다. 물론 프로타고라스의 이러한 시도는 성공하지 못했습니다. 왜냐하면 고대 문화는 몰락할 때까지 인간 불평등에 절대적으로 기대는 경제·사회체제에 토대를 두었기 때문입니다. 잘 알려진 "인간은 모든 것의 척도이다."라는 프로타고라스의 명제는 대개 지식에 대한 그의 감각 이론을 거론할 때 등장하지만, 정치·사회적인 문제를 대하는 분명한 태도까지 포괄하기도 합니다. 인간의 본성에도 부합하고 어떤 종류의 전통이나 미신에도 치우치지 않는 법률과 관습으로 인간사의 질서가 잡혀야 한다는 것입니다. 전통 종교에 대한 그의 태도는 다음 말에 잘 담겨 있는데, 재치 있는 말이라 조심스럽게 읽어야 합니다. "신들에 대해서, 나는 그들이 있는지 있지 않은지, 혹은 그들의 모습이 어떤

지 알 수 없다. 왜냐하면 확실한 앎을 방해하는 것이 많고 주체는 불확실하며 인생은 짧기 때문이다.”

고대의 사상 중에서 가장 앞선 인식론적 태도는 데모크리토스의 단편들 중 적어도 한 곳에 분명하고 의미심장하게 표현되어 있습니다. 우리는 위대한 원자론자인 데모크리토스를 나중에 다시 다룰 것입니다. 지금은 데모크리토스가 물질적인 세계관에 이끌렸고 우리 시대의 여느 물리학자만큼이나 그것을 확고히 믿었다는 것만 이야기하겠습니다. 그 물질적 세계관에 따르면, 단단하고 변하지 않는 아주 작은 입자가 빈 공간 안에서 일직선으로 움직이다가 충돌하고 튕기는 등의 운동을 하면서 물질세계에서 관찰되는 무수한 다양성을 빚어냅니다. 그는 이루 말할 수 없이 다양한 현상이 순수하게 기하학적인 상으로 환원될 수 있다고 믿었으며 그의 믿음은 옳았습니다. 당시 이론물리학은 실험(알려진 것도 거의 없었습니다)보다 한참 앞서갔고, 우리 시대는 말할 것도 없고 그전에도 이후에도 실험은 허겁지겁 뒤에서 좇아오는 모양새였습니다. 동시에 데모크리토스는 그가 그린 세계에서 빛과 색, 소리와 향기, 단맛 쓴맛 아름다움이 깃든 실제 세계를 대체했던 앙상한 지적 구성물이, 사실은 그의 세계에서 표면적으로는 자취를 감췄던 감각 지각들에 기초하고 있다는 사실을 깨달았습니다. 갈레노스에서 가져온 단편 125는 약 50년 전에야 발견되었는데, 여기서 데모크리토스는 지성(디아노이아

διάνοια)이 감각(아이스테세이스αἰσθήσεις)과 경쟁을 벌인다고 소개합니다.

지성이 이렇게 말합니다. "단맛은 관습에 의한 것이고, 쓴맛도 관습에 의한 것이다. 뜨거움도 관습에 의한 것이고 차가움도 관습에 의한 것이고 색깔도 관습에 의한 것이다. 진리인 것은 원자들과 빈 공간뿐이다." 감각들이 되받아칩니다. "가련한 정신이여, 너는 우리에게서 가져간 증거들로 우리를 이기려 하느냐? 너의 승리는 너의 패배다."

이보다 더 간결하고 분명하게 말할 수는 없을 것입니다. 이 위대한 사상가의 수많은 단편이 칸트의 저작 곳곳에서 발견됩니다. 즉 우리는 어떤 것도 있는 그대로 인식하지 못한다, 우리는 아무것도 참되게 알 수 없다, 진리는 캄캄한 어둠 깊이 숨겨져 있다 등등.

오직 회의懷疑만 하는 태도는 인색하고 비생산적입니다. 그러나 누구보다 앞서 진리에 더 가까이 다가가고 자신의 편협한 이성적 한계를 분명히 자각하는 자의 회의주의는 훌륭할 뿐만 아니라 풍성한 결실을 맺습니다. 발견의 가치를 축소시키는 게 아니라 배가시킵니다.

3장 / 피타고라스학파

파르메니데스나 프로타고라스 같은 사람들을 보건대 그들의 극단적인 관점에서는 과학적 유용성을 거의 혹은 전혀 끌어낼 수 없습니다. 왜냐하면 그들은 과학자가 아니었기 때문입니다. 과학 정신을 강력히 지향했고, 동시에 자연의 체계를 순수한 이성으로 환원하려는 종교적인 편견에 가까운 편향성이 두드러진, 전형적인 사상가들이 바로 피타고라스학파였습니다. 이들의 근거지는 이탈리아 남부의 크로토네, 시바리스, 타란토의 마을로 이탈리아 반도의 뒤꿈치와 발가락 사이의 만灣 일대에 있었습니다. 추종자들은 음식이나 기타의 것을 두고 기이한 의식을 치르는 종교 집단과 매우 비슷한 것을 만들었습니다. 외부인들에게는 적어도 가르침의 일부에 대해서는 비밀로 했습니다.[10] 기원전 6세기 후반에 활약했던 창시자 피타고

10 고대의 여러 저자들이 히파수스가 일으킨 엄청난 스캔들을 언급한다. 즉 히파수스가 오각형-십이면체의 존재를 폭로했다는 것이다. 혹은 어떤 사람들은 그가 모종의 '통약불가능'(άλογία)과 '비대칭'을 폭로했다고 전한다. 히파수스는 조직에서 쫓겨났다. 또 다른 처벌도 언급된다. 죽을 때를 대비해 그의 무덤이 마련되어 있었지만 그는 (신의 복수로) 먼 바다에 빠져 죽었다. 고대에 있었던 또 하나의 큰 스캔들은 플라톤이 출처를 밝히지 않고 자신이 사용하기 위해,

라스는 주목할 만한 고대인이 틀림없습니다. 피타고라스 주변에서는 그의 초자연적인 힘에 대한 전설들이 생겨나기 시작했습니다. 피타고라스가 자신이 윤회(영혼의 이동)하면서 살았던 이전의 모든 생을 기억할 수 있다거나, 피타고라스의 의복을 우연히 옮기던 어떤 사람 말로는 그의 허벅지가 순금으로 되어 있더라는 것입니다. 피타고라스는 글은 한 줄도 남기지 않은 것 같습니다. "스승께서 이렇게 말씀하셨다."(아우토스 에파αὐτὸς ἔφα)라는 말로 잘 알려져 있듯이, 제자들에게 피타고라스의 말은 복음이었습니다. 그의 말은 제자들 사이에서 일어나는 어떠한 논쟁도 해결했을 것이고 오류 없는 진리로 판명되었겠지요. 제자들은 또한 피타고라스의 이름을 감히 부르지 못하고 그를 '저 너머에 계신 분'(에케이노스 아네르ἐκεῖνος ἀνήρ)이라고 지칭했습니다. 그러나 어떤 특별한 교리가 피타고라스까지 거슬러 올라가는지 혹은 그로부터 유래했는지를 판가름하기가 가끔 쉽지 않습니다. 위에 언급한 피타고라스학파 공동체의 특성과 태도 때문입니다.

피타고라스학파의 연역적 세계관은 분명히 플라톤과 그의 아카데미가 물려받았고, 이들은 이 남부 이탈리아의 학파로부터 깊은 감명과 영향을 받았습니다. 사실 관념의 역사라는 관점에서 본다면, 아테네학파는 피타고라스

돈이 궁한 피타고라스학파 사람들로부터 비싼 값에 책 두루마리 세 개를 샀다는 소문과 관련이 있다.

학파의 한 분파라 불러야 마땅할 것입니다. 아테네학파가 공식적으로 '[피타고라스] 교단Order'을 따르지 않았다는 사실은 중요하지 않습니다. 이들이 아테네학파의 독창성을 높이기 위해 피타고라스학파에 대한 의존성을 강조하기보다는 숨기려고 전전긍긍했다는 것은 더욱 중요하지 않습니다. 우리가 아는 고대 그리스에 관한 다른 많은 사실도 그러하듯 피타고라스학파에 관한 가장 믿을 만한 사실은 아리스토텔레스의 성실하고 정직한 기록에 빚지고 있습니다. 비록 아리스토텔레스가 피타고라스학파의 관점에 대부분 동의하지 않았고 그들의 선험적 사고의 편견을 근거가 없다고 비난했지만 그러면서도 스스로 그런 방식으로 잘 사유했습니다.

알다시피 피타고라스학파의 기본 교리는 **모든 것은 숫자**라는 언명으로 표현됩니다. 어떤 기록에서는 "숫자와 같다", 숫자와 유사하다라고 말하면서 모순을 약화시키려고 애쓰는데요. 이런 주장이 정말로 무엇을 의미하는지 우리는 전혀 알지 못합니다. 이들의 기본 교리는 매우 대담하고 웅대하고 범위가 넓은 일반화로서, 이는 피타고라스가 발견한 유명한 현의 정수 분할 혹은 유리수 분할(예를 들어 $\frac{1}{2}$, $\frac{2}{3}$, $\frac{3}{4}$)을 발견한 데서 유래했을 것입니다. 현의 분할은 음률을 만들어내고, 이것이 조화로운 음악으로 작곡되면 마치 영혼에 직접 말을 건네는 것처럼 우리를 눈물짓게 할 것입니다. (영혼과 몸의 관계를 아름답게 비유한 것은 아마도 필롤라오스에서 나온 학파에서 기원했을 것입니다. 그 학파는 영혼을 몸의 화음이라 불렀는데, 영혼과 몸의 관계는 악기가 만들어내는 소리와 악기의 관계와 같다고 보았습니다.)

아리스토텔레스에 따르면 '사물things'(곧 숫자이기도 한)은 우선 감각적이고 물질적인 대상object입니다. 예를 들어, 엠페도클레스가 4원소설을 만든 후에는 이 원소들도 숫자가 '되었습니다'. 그러나 영혼, 정의, 기회 같은 '것'도 각기 숫자를 가졌거나 숫자'였습니다'. 수 이론의 몇몇 단순한 특성들이 수의 할당과 관련 있습니다. 예를 들어, 제곱수(4, 9, 16, 25, …)는 정의正義, justice와 연관되었으며, 이 중 첫 번째, 즉 4가 특히 더 정의와 동일시되었습니다. 여기에 담겨 있는 개념은 틀림없이 수를 두 개의 동일한 요소로 나눌 수 있는 가능성과 관련이 있을 것입니다. ('공평equity', '공평한equitable' 같은 단어들과 비교해보기 바랍니다.) 제곱수를 점으로 나타내면 나인핀스ninepins 같은 평방형으로 배열할 수 있습니다. 동일한 방식으로 피타고라스는 3, 6, 10, … 같은 삼각수 이야기를 했습니다.

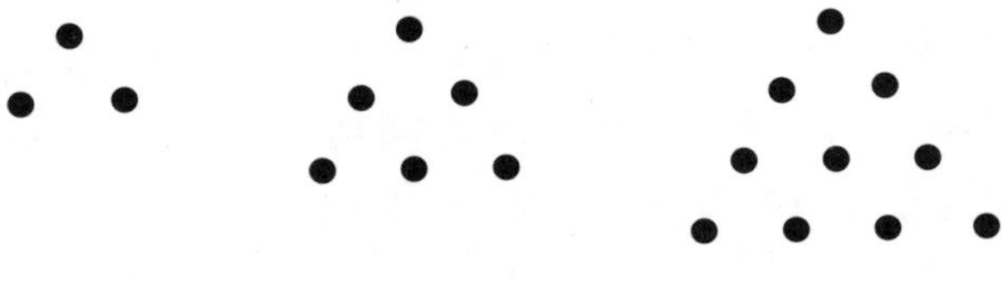

이 수는 한 줄(n)과 그다음 줄($n+1$)에 놓여 있는 점들의 수를 곱한 다음 이 곱을(항상 짝수이다) 2로 나누어서 구합니다. 즉 $\frac{n(n+1)}{2}$입니다. (이것은 두 번째 삼각형을 거꾸로 놓은 다음 이를 사각형으로 바꾸면 가장 쉽게 이해할 수 있습니다.

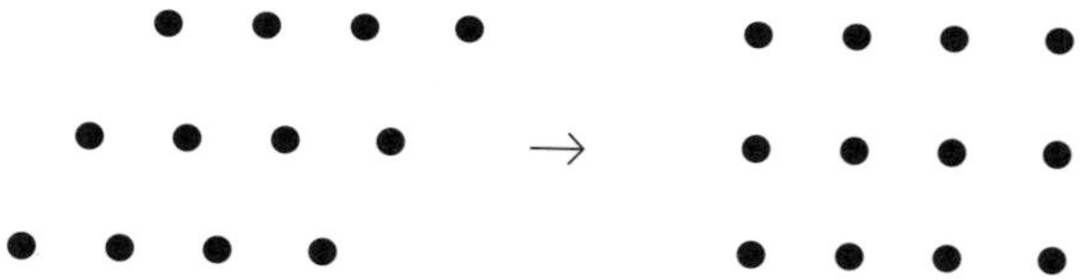

현대 양자이론에서 '궤도 각운동량의 제곱'은 $n(n+1)h^2$이지, n^2h^2이 아닙니다. 여기서 n은 정수입니다. 이 말은 실제로 삼각수를 판별해낼 수가 있으며, 삼각수가 수학에서 꽤 자주 나온다는 것을 예시할 뿐입니다.)

삼각수 10은 이례적인 관심을 받았는데, 아마 네 번째 삼각수이기에 정의를 가리키기 때문이었을 것입니다.

틀림없이 이런 맥락에서 만들어졌을 무수히 많은 터무니없는 소리들을, 아리스토텔레스의 믿을 만한 (그리고 냉소적이지 **않은**) 기록을 통해 그림으로 제시해보았습니다. 수의 기본 특성은 짝수인가 홀수인가입니다. (여기까지는 좋습니다. 수학자들은 홀수 소수와 짝수 소수를 근본적으로 구별하는 데 익숙합니다. 짝수 소수는 숫자 2밖에 없지만.) 그런데 홀수는 어떤 것 하나(a thing)의 제한된 혹은 유한한 특성을 결정하는 반면, 짝수는 어떤 것들(some things)의 제한되지 않은 혹은 무한한 특성을 결정하게 되어 있습니다. 짝수는 무한한(!) 가분성을 상징하며, 이는 짝수가 동일한 두 부분으로 나누어질 수 있기 때문입니다. 또 다른 한 주석자가 짝수의 (무한을 가리키는) 결함 혹은 불완전함을 발견했습니다. 짝수를 둘로 나누면 주인도 없고 수도 없는(아데스포토스 카이 아나리트모스ἀδέσποτος καὶ ἀνάριθμος) 빈 공간이 가운데에 남습니다.

4원소(불, 물, 흙, 숨)는 다섯 개의 정다면체 중 네 개로 만들어진다고 생각한 것 같은데, 반면 다섯째 정다면체인 십이면체는 전체 우주를 담기 위해 따로 남겨 두었습니다. 아마도 정십이면체는 구에 너무 가깝고 표면이 오각형이기 때문일 것입니다. 오각형 자체가 신비한 역할을 했고, 마찬가지로 대각선 다섯 개(5+5=10)로 만들어지는 도형이 널리 알려진 펜타그램(오각별)을 이루는 것도 그러했습니다. 초기 피타고라스학파의 한 사람인 페트론은 전부 다 합해서 183개의 세계가 있으며 이 세계는 삼각형으로 배열되어 있다고 주장했습니다. 그런데 183은 삼각수가 아닙니다. 여기서 최근 우리가 한 저명한 과학자에게

들은, 세계의 전체 기본 입자 개수가 16×17×2^{256}이라는 사실을 떠올리는 것은 불경한 짓일까요? 256은 2의 제곱의 제곱의 제곱입니다.

후기 피타고라스학파는 영혼의 윤회를 문자 그대로 확신했습니다. 피타고라스 자신이 그렇게 믿었다고 통상 전해집니다. 크세노파네스가 지은 몇 수의 2행 연구聯句에 스승에 대한 일화가 전해집니다. 피타고라스가 길을 가다 아주 심하게 맞고 있는 작은 개를 보고는 불쌍해서 개를 괴롭히는 사람에게 이렇게 말했다고 합니다. "개를 때리지 마시오. 이 개는 내 친구의 영혼을 가지고 있소. 그의 목소리로 나는 알아볼 수 있다오." 크세노파네스 편에 나오는 이 일화는 아마도 피타고라스의 어리석은 믿음을 조롱하려고 했던 것 같습니다. 지금 우리는 다르게 느낄 수밖에 없습니다. 이 일이 사실이라 가정하고, 피타고라스가 한 말의 의미를 훨씬 더 단순하게 다음과 같이 생각해 봅시다. "멈추시오. 내 도움을 요청하는, 괴로워하는 친구의 목소리가 들린다네."(셰링턴 하면 떠올리는 '우리의 친구 개'도 유명한 문구지요.)[11]

처음에 언급했던 보편 관념, 즉 모든 것 뒤에는 숫자

11 찰스 셰링턴Charles Sherrington(1857~1952)은 중추신경계를 연구한 영국의 생리학자이다. 언어 능력이 인간의 뇌에만 존재하는 특별한 메커니즘에 기인한다는 것을 설명하려고 사용된 표현으로 보인다. (옮긴이주)

가 있다는 관념으로 잠시 돌아가보겠습니다. 이 관념은 명백히, 진동하는 현의 길이에 대한 음향학적 발견에서 비롯했다고 나는 말했습니다. 그러나 공정을 기하기 위해 (말도 안 되는 논리적 전개이지만) 한 가지 기억해야 합니다. 바로 이 순간, 이 장소에서 수학과 기하학의 최초의 위대한 발견이 일어났으며, 그것은 실제의 혹은 상상의 물질적 대상들에 적용되었다는 것입니다.

이제 수학적인 사고의 정수는, 물질적인 조건에서 수(길이, 각도 같은 양적인 것)를 추출해내고, 수 그리고 수의 관계 등을 다루는 것이 됩니다. 이런 과정의 특성상 결과적으로 도출된 관계, 패턴, 공식, 기하학 도형 등은 전혀 예기치 않게 본래 그것들이 추상화되어 나온 것과 상당히 달라진 물질적 조건에 적용됩니다. 수학적인 패턴이나 공식은 의도치 않았던 영역에, 혹은 수학적인 패턴이 도출될 거라는 생각을 전혀 해본 적 없는 영역에 난데없이 질서를 가져오기도 합니다. 이런 경험은 매우 강한 인상을 주며, 수학의 신비로운 힘에 대한 믿음을 만들어내기 쉽습니다. '수학'은 세상만물의 바닥에 깔려 있는 것처럼 보이는데, 이는 우리가 수학을 이용하지 않았던 곳에서 예상치 못하게 수학을 발견하기 때문입니다. 이러한 사실은 뛰어난 젊은이들에게 계속해서 강렬한 감동을 주었음이 틀림없습니다. 이러한 감동은 물리과학의 발전 과정에서 일어난 중대한 사건들로 거듭 이어집니다. 유명한 사례 하나만 말하자면, 윌리엄 해밀턴William Rowan Hamilton(1805~1865)은 일반적인 역학계의 운동이 비균질적인 매질 속에서 전파되는 광선과 똑같은 법칙을 따른다는 사실을 밝혀냈습니다. 과학은 이제 정교해졌고, 그런 경우에 신중하게 대응하는 법을 배웠습니다. 그리고 수학적인 사고의 본성에서 도출되는 형식이 비슷하다고 해서 본질적인 성질이 같을 것이라고 당연시해선 안 된다는 법도 배웠습니다. 그러나 과학이 젖먹이이던 시기에 내려진 무모하고, 앞서 설명했듯 신비스런 결론들은 더 이상 우리를 놀라게 만들지 못합니다.

관련이 없을지라도, 완전히 다른 상황에 어떤 패턴을 적용하는 재미있는 현대의 사례를 들어보자면, 도로 계획에서 사용하는 완화곡선이라는 것이 있습니다. 도로에서 두 개의 직선 구간을 연결하는 곡선은 단순히 원이 되어서는 안 됩니다. 왜냐하면 이렇게 하면 직선에서 곡선 구간으로 들어갈 때 운전자가 갑자기 운전대를 홱 틀어야 하기 때문입니다. 완화곡선을 이루는 이상적인 조건은 이렇습니다. 첫째 절반 구간에서 운전대를 일정하게 돌리도록, 둘째 절반 구간에서 곡률은 초반과 동일하게 하고 방향은 반대로 돌리도록 만들어야 합니다. 이러한 조건을 충족하는 수학 공식을 만들려면 곡률이 곡선 구간의 길이에 비례해야만 한다는 결론이 나옵니다. 이는 아주 특별한 성질을 띤 곡선으로, 자동차가 등장하기 오래전에 알려져 있었으며 코르뉘의 나선Cornu's spiral이라고 부릅니다. 내가 아는 한 이 곡선이 적용된 유일한 사례는 단순하면서도 특별한 광학 문제인데, 점광원으로 가느다란 틈새를 비추면 생기는 이른바 간섭 무늬입니다. 이 문제로 코르뉘의 나선을 이론적으로 발견하게 되었습니다.

학생이라면 다 아는 아주 단순한 문제를 보겠습니다. 주어진 두 개의 길이(혹은 수) p와 q 사이에, p에 대한 x의 비가 x에 대한 q의 비와 같도록 세 번째 항 x의 값을 구해야 합니다.

$$p : x = x : q \qquad (1)$$

여기서 x는 p와 q의 '기하평균'이라 합니다. 예를 들어 q가 p의 9배라면, x는 p의 3배, q의 3분의 1이 되어야 합니다. 이로부터 x의 제곱은 pq 곱과 같다는 결론을 쉽게 얻을 수 있습니다.

$$x^2 = pq \qquad (2)$$

(이것은 '안쪽' 수들의 곱은 '바깥쪽' 수들의 곱과 같다는 일반적인 비례 법칙으로도 도출될 수 있습니다.) 그리스인들은 이 공식을 '직사각형의 구적求積'과 같이 기하학적으로 해석하려고 했습니다. 즉 x는 두 변의 길이가 p와 q인 직사각형과 넓이가 같은 정사각형의 한 변의 길이입니다. 그리스인들은 대수학 공식과 방정식을 기하학적인 해

석을 통해서만 알고 있었습니다. 왜냐하면 공식에 넣어서 쓸 수 있는 **수**가 애초에 없었기 때문입니다. 예를 들어 q를 $2p$, $3p$, $5p$, ⋯ (그리고 단순하게 하기 위해서 p는 1이라고 합시다)라 하면, x는 우리가 말하는 $\sqrt{2}$, $\sqrt{3}$, $\sqrt{5}$, ⋯가 됩니다. 하지만 그리스인들이 보기에 이런 것은 수가 아니었고, 아직 그런 것을 발명하지 못했습니다. 따라서 위 공식을 만족시키는 모든 기하학적 작도는 제곱근을 구하는 기하학적 풀이가 됩니다.

가장 간단한 방법은 다음과 같습니다. 직선을 따라 p와 q를 그리고, 두 선이 만나는 지점(N)에 수직선을 세웁니다. 직선의 중심 O(즉 $p+q$의 중간)에서 $p+q$의 양 끝점 A와 B를 통과하는 원을 그려서 N 위의 수직선과 만나는 점을 C라 합니다.

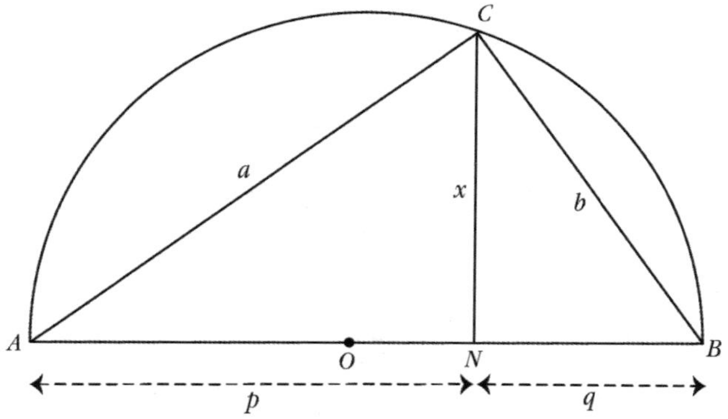

(1)식의 비는 ABC가 직각삼각형이라는 사실로부터 나옵니다. 여기서 C는 '반원 위의 각'이기 때문입니다. 여기서 만들어지는 삼각형 세 개 ABC, ACN, CNB는 기하학적으로 닮은꼴입니다. 이 삼각형에서 '기하평균'이 두 개 더 나타납니다. $p+q=c$를 빗변으로 놓아봅시다.

$$q:b=b:c, \quad \text{따라서} \quad b^2=qc$$
$$p:a=a:c, \quad \text{따라서} \quad a^2=pc$$

그러면 다음을 얻습니다.

$$a^2+b^2=(p+q)c=c^2$$

이것이 소위 피타고라스 정리에 대한 가장 간단한 증명입니다.

(1)식의 비는 전혀 다른 상황에서 피타고라스학파 사람들에게 떠올랐겠지요. p, q, x가 동일한 현을 지지대를 이용해 조정하는 길이이거나, 바이올린 연주자처럼 손가락으로 눌러 조정하는 길이라고 해봅시다. 여기서 x는 p와 q가 만들어내는 소리의 '중간' 음을 내고, p에서 x까지의 음의 간격과 x에서 q까지의 음의 간격이 같다고 해봅시다. 이렇게 하면 주어진 한 음의 간격을 두 개 이상의 동일한 간격으로 나누는 문제로 쉽게 넘어갈 수 있습니다. 처음에는 이것이 화음 문제로 보이지 않습니다. 왜냐하면 원래 비 $p:q$가 유리수이더라도, 나눈 길이는 유리수

가 아닐 수 있기 때문입니다. 12음계 평균율 피아노 조율이 정확히 이 방식을 따릅니다. 순수한 화음의 관점에서 보면 비난받을 만한 절충안이지만, 미리 만들어진 음을 악기에서는 피할 수 없습니다.

아르키타스(기원전 4세기 전후 타란토에서 플라톤과 교유했다고 알려져 있습니다)는 다음 문제를 기하학적으로 풀었습니다. **두 개**의 기하평균을 찾는 문제, 즉 하나의 음정을 세 개의 동일한 간격으로 나누는 문제(두오 메사스 아나 로곤 헤우레인δύο μένας ἀνὰ λόγον εὑρεῖν)였습니다. 이것은 또한 주어진 비 q/p의 세제곱근을 기하학적으로 구하는 문제에 해당합니다. 후자의 형식에서 세제곱근을 구하는 것은 델로스의 문제로 알려져 있습니다. 아폴론 신을 섬기는 델로스섬 성직자들이 한번은 제단 돌의 크기를 두 배로 만드는 방법을 알기 위해 신탁을 청했습니다. 이 돌은 정육면체였는데 부피가 두 배인 정육면체가 되려면 주어진 모서리의 길이가 $\sqrt[3]{2}$ 배가 되어야 합니다.

이 문제를 현대적인 기호로 쓰면 다음과 같습니다.

$$p : x = x : y = y : q \qquad (3)$$

앞에서 했던 방식으로 추론해보면

$$x^2 = py, \quad xy = pq \qquad (4)$$

각 항끼리 곱하고 y를 소거하면

$$x^3 = p^2 q = p^3 \frac{q}{p} \qquad (5)$$

$$x = p \sqrt[3]{\frac{q}{p}}$$

아르키타스의 풀이는 앞서 나온 작도의 반복입니다.

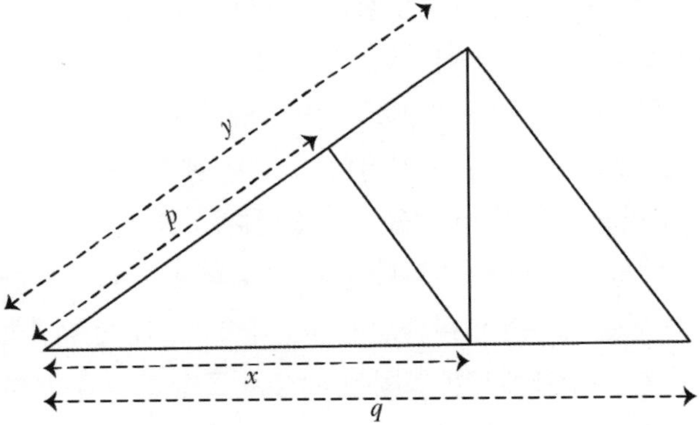

그러나 위에서 언급한 두 번째 유형의 비를 사용하면, 이렇게 됩니다.

$$p : x = x : y \text{ 와 } \quad x : y = y : q$$

그러나 이것은 아르키타스의 최종 결과일 뿐이고, 그의 설명은 구, 원뿔, 원통의 교점들을 이용하여 아주 치밀하게 이어집니다. 사실은 너무 복잡해서 내가 가지고 있는 딜스의 『소크라테스 이전 철학자들*Presocratics*』 초판본에서 본문을 설명하기 위해 들어간 그림은 완전히 틀렸습니다.

사실, 얼핏 단순해 보이는 위의 계산은 주어진 데이터 p와 q를 가지고 컴퍼스와 자로 직접 작도할 수 있는 게 아닙니다. 자를 가지고는 직선(1차 곡선)만 그릴 수 있으며 컴퍼스로는 원만 그릴 수 있기 때문입니다. 원은 2차 곡선 중에서 특별한 곡선입니다. 그러나 **세제곱근**을 구하려면 최소한 **3차** 곡선이 주어져야 합니다. 아르키타스는 교차하는 곡선들을 이용해서 아주 독창적으로 문제를 풀었습니다. 누구나 믿듯이, 아르키타스의 풀이 방법은 지나치게 복잡한 게 아니라 위대한 업적입니다. 그는 에우클레이데스보다 약 반세기 앞서 이 일을 해냈습니다.

피타고라스학파의 가르침에서 살펴보고자 하는 마지막 요점은 우주론입니다. 이것은 특히 흥미로운데, 왜냐하면 하나의 세계관에 포함된 예상치 못한 효능을 드러내기 때문입니다. 완벽함, 아름다움 그리고 단순함에 대한 근거 없고 편견에 사로잡힌 관념이 잘 숨겨진 세계관 말입니다.

피타고라스는 지구가 구라는 사실을 알았으며, 아마도 피타고라스학파가 이를 처음 알아냈을 것입니다. 월식 때 달에 비친 지구의 원형 그림자에서 이런 사실을 도출해냈을 거라는 얘기가 가장 신빙성 있습니다. 이 방법으로 그들은 비교적 정확하게 해석했습니다(71쪽 그림). 행성 체계와 별들에 대한 그들의 모형은 다음 그림으로 간

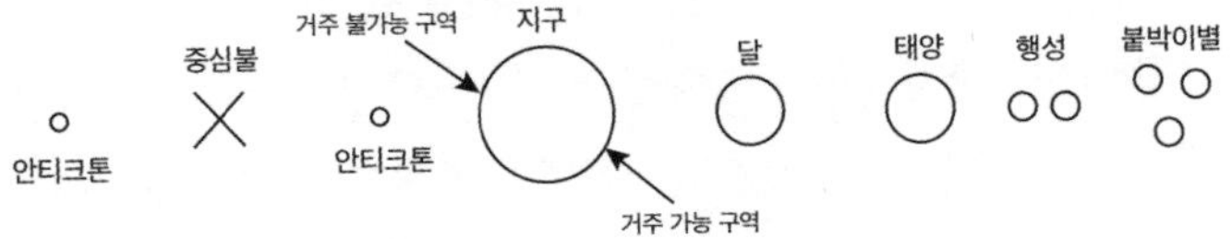

략히 설명할 수 있습니다.

[피타고라스 모형에서] 둥근 지구는 고정된 중심인 중심불Central Fire(중심불은 태양이 아닙니다!) 주위를 24시간 만에 한 바퀴 회전합니다. 달이 지구에 대해 그렇듯이 항상 지구의 한쪽 반구만이 이 중심을 바라보며 회전하는데, 이곳에는 인간이 **살 수 없습니다**. 너무 뜨겁기 때문이죠. 아홉 개의 천구의 중심은 모두 중심불입니다. 각각의 천구는 중심불 주위를 각기 일정한 속도로 회전하며 (1)지구, (2)달, (3)태양, (4~8)행성들, (9)붙박이별(항성)들을 실어 나른다고 상상했습니다(위 그림은 알기 쉽게 보여주기 위한 도식일 뿐입니다. 이렇게 일렬로 늘어서는 일은 없습니다). 아직 열 번째 천구 혹은 천체가 남아 있습니다. 안티크톤ἀντίχθον, Antichthon 혹은 반대쪽 지구counter-earth라고 불리는데, 이것이 '중심불'을 기준으로 지구와 영구적인 합合, conjuction 위치에 있는지 아니면 충衝, opposition 위치에 있는지는 그리 명확하지 않습니다(위 그림에서는 두 가지 모두를 나타냈습니다). 여하간 당연히 반대쪽 지구는 보이지 않기 때문에 세 개의 천체, 즉 지구, 중심불, 반대쪽 지구는 항상 일렬로 배열되어 **있습니다**. 불필요한 창조물이었던 것

입니다. 신성한 수 10을 위해 안티크톤을 만들어냈는지도 모릅니다. 해와 달이 지평선 바로 근처에서 서로 반대편에 있을 때 월식이 생기는 특이한 현상을 설명하려고 고안되었을 수도 있습니다. 이러한 월식이 가능한 이유는 대기 속에서 빛이 산란하므로 천체가 지는 것을 볼 때 그 천체는 실제로는 이미 몇 분 전에 지평선 아래로 내려간 상태이기 때문입니다. 이것이 알려져 있지 않았기 때문에 그런 식 현상은 난제였을 것입니다. 이런 이유로 안티크톤도 만들어야 했을 테고, 달뿐 아니라 태양, 행성들, 항성들도 중심불이 반사되어 빛난다는 가정이나, 중심불에서 나온 빛을 지구 또는 안티크톤이 가리기 때문에 월식 현상이 생긴다는 가정도 필요했을 것입니다.

처음에는 이 모형이 정말 터무니없어서 일고의 가치도 없는 것처럼 보입니다. 그러나 이 모형을 주의 깊게 살펴봅시다. 그리고 당시에는 (a) 지구의 크기와 (b) 궤도들의 크기에 대해 알려진 것이 하나도 없었음을 기억해야 합니다. 당시 알려져 있었던 지구의 일부, 즉 지중해 지역은 실제로는 보이지 않는 중심 주위를 24시간에 한 바퀴 돌며, 항상 같은 면을 보이지 않는 중심 쪽으로 향합니다. 분명히 이것은 모든 천체의 빠른 일주운동日週運動, diurnal motion을 일으킵니다. 이것이 단순한 **겉보기** 운동임을 알아본 것 자체가 위대한 업적입니다. 그들은 지구가 자전하며 그와 **같은 주기로** 공전하고 있다고 상정했는데 이러한 지구의 운동에 대한 설명 중에 잘못된 점은 공전 주기와 공전 중심에 대한 것뿐입니다. 이러한 실수들이 우리에게는 미숙해 보이지만, 태양이나 달 그리고 우리가 행성이라 부르는 다섯 개의 별들과 마찬가지로 지구도 행성들 중 하나이고 같은 역할을 한다는 엄청난 인식에 도달한 것에 비하면 아무것도 아닙니다. 이는 인류와 인류의 거주지가 우주의 중심이어야 한다는 편견에서 자신을 해방시킨 경탄할 만한 위업이었습니다. 또한 지구가 우주의 은하계들 중 한 은하 안에 있는 별들 중 하나에 딸린 행성들 중의 하나로 축소되어 있는 현재 우리의 세계관을 향한 첫걸음이었습니다. 이 첫걸음은 기원전 280년쯤 사모스의 아리스타르코스가 완성했지만, 곧 사라져버리면서 반대의 편견이 되살아나 적어도 일부 지역에서는 공식적으로 19세기 초까지 지속되었습니다.

도대체 왜 이런 '중심불'이라는 것을 지어냈는지 궁금할 것입니다. 예외적인 일식이나 월식을 설명하기가 어렵다는 점만으로는 충분치 않습니다.[12] 달은 스스로 빛을 내지 않고 다른 원천에서 빛을 받아 빛난다는 사실은 아주 오래전부터 알려져 있었습니다. 자, 하늘에서 가장 눈에 띄는 두 현상이 해와 달입니다. 해와 달은 하루 동안의 운동, 모양, 크기가 매우 많이 닮아 있습니다. 달과 해의

12 그런데 당시에 그런 특별한 일식이나 월식 현상이 관측된 적이 있는지는 확실치 않다.

크기가 비슷해 보이는 것은 달이 더 작지만 훨씬 더 가까이 있기 때문입니다. 결과적으로 해와 달을 같은 토대 위에 놓고, 달에 대해 알려진 사실을 해에 적용하면, 둘 다 동일한 원천 때문에 빛나는 것으로 볼 수 있습니다. 이 원천이 바로 가설적인 중심불입니다. 그러나 이 중심불은 보이지 않기 때문에 '우리 발 밑', 즉 우리 행성에 가려지는 곳 말고는 놓을 자리가 없습니다.

이 모형은, 아마 잘못 알려진 것일 수도 있지만, 5세기 후반 필롤라오스가 만들었다고 알려져 있습니다. 이 모형의 발전 과정을 들여다보면 완전하면서도 단순해야 한다는 선입관에 치우친 나머지, 중대한 결함조차도 상대적으로 거슬리지 않을 수 있었습니다. 아니, 어떤 가설이 임의적이고 근거가 부족할수록 심리적 피해가 적습니다. 왜냐하면 [그 반대의 가설은] 경험을 통해 더 신속하게 제거될 터이기 때문입니다. 옛말에도 있듯이, 아예 없는 것보다는 잘못된 이론이라도 있는 편이 낫습니다.

카르타고의 상인들이 처음으로 '헤라클레스의 기둥' 너머로 나아갔고[13], 이보다 조금 후 인도까지 원정을 떠난 알렉산드로스도 지중해 문화의 한계 너머에 중심불이나 안티크톤, 혹은 살기 어려운 지구의 반쪽이 있음을 전혀

13 카르타고는 페니키아인이 세운 도시국가이며, 헤라클레스의 기둥은 지중해를 사이에 두고 남쪽과 북쪽에 있다고 알려져 있으나 구체적으로 어디인지는 알 수 없다. (옮긴이주)

밝혀내지 못했습니다. 따라서 이런 모든 설명은 버려야 했습니다. 가상의 중심(중심불)이 없다면, 지구가 매일 (중심불 주위를) 공전한다는 생각을 버리고 지구 자체의 축을 중심으로 순수하게 자전한다는 개념으로 대체하는 것이 당연했습니다. '지구의 공전에 대한 새로운 교리'를 만든 이가 누구인지를 결정하는 문제에서 고대 철학을 다루는 역사가들의 의견은 일치하지 않습니다. 어떤 이들은 가장 젊은 피타고라스학파 일원인 엑판투스라고 합니다. 어떤 이들은 엑판투스를 그저 헤라클리데스 폰티쿠스(흑해에 면한 헤라클레아 태생으로, 플라톤과 아리스토텔레스의 학당에 참여)의 대화록에 등장하는 인물에 불과하다고 위상을 낮추며 이 '새로운 교리'의 정립을 헤라클리데스의 공으로 돌리려고 합니다. (그런데 아리스토텔레스는 이 교리를 언급하기는 했지만 인정하지 않았습니다.) 그러나 새로운 교리에 이견이 없었다는 점을 강조하는 편이 더 적절할 것입니다. 지구가 자전한다는 것은 이미 필롤라오스의 체계에 포함되어 있었습니다. 하나의 중심 주위를 공전하면서 중심에 대해 항상 동일한 면을 향하는 물체는—달이 지구에 대해서 그렇듯이—자전하지 않는 게 아니라, 공전하는 주기와 정확히 동일한 주기에 맞춰 자전한다고 해야 합니다. 이것은 교묘한 과학적 서술도 아니고, 달이나 다른 비슷한 경우처럼 자전주기와 공전주기가 동일한 것이 의도치 않은 우연도 아닙니다. 이것은 예전에 존재했던 달 표

면의 바다나 대기권 혹은 달의 표면에서 일어났던 조수 마찰 때문입니다.[14]

자, 앞에서 말했듯이 필롤라오스 체계에서는 중심불에 대해 지구가 정확히 이런 유형의 운동을 한다고, 즉 동일한 주기로 자전과 공전을 한다고 보았습니다. 공전을 버린다고 해서 자전이 발견되는 것은 아닙니다. 왜냐하면 자전은 이미 발견되어 있었기 때문입니다. 우리는 이것을 잘못된 방향으로 나아가는 걸음이라고 여기는 경향이 있습니다. 왜냐하면 다른 중심 주위를 돌긴 하지만 어쨌든 공전을 하기 때문입니다.

그러나 실제 상황을 인식하는 방향으로 나아가는 가장 중대한 걸음을 내디딘 사람은 앞서 언급한 헤라클리데스였다고 말하는 것이 적절합니다. 헤라클리데스는 후기 피타고라스학파와 밀접한 관계에 있었습니다. 그는 내행성들, 즉 수성과 금성의 밝기가 두드러지게 변한다는 점에 주목했습니다. 헤라클리데스는 이러한 밝기 변화가 지구와 해당 행성의 거리 변화 때문이라고 보았고 이는 옳은 생각이었습니다. 따라서 수성과 금성은 지구 둘레를 원을 그리며 움직인다고 할 수 없었습니다. 추가로 알게

14 지구 표면의 조수 마찰력 때문에 지구의 회전이 (아주 조금) 느려진다. 이것이 달에 반작용을 일으켜 달의 공전 주기를 증가시키는데 꼭 그만큼 달이 지구에서 (아주 조금) 멀어진다. 이로부터 달의 두 주기를 정확히 동일하게 유지시키는 어떤 약한 요인이 아직도 있을 거라는 결론을 내릴 수 있다.

된, 수성과 금성의 주요 운동, 즉 평균 운동에서 이들이 태양의 경로를 따른다는 사실은, 어떻든 이 두 행성이 태양 주위를 원을 그리며 돈다는 올바른 관점을 얻는 데 도움을 주었습니다. 밝기에서 상당한 변화를 보이는 화성도 곧 동일한 방식으로 고찰하게 되었습니다. 알려진 바와 같이, 결국 기원전 280년경에 활동한 사모스의 아리스타르코스는 태양 중심 체계를 확립했습니다. 필롤라오스 이후 불과 약 한 세기 하고도 반 세기가 지난 후였습니다. 이 체계의 견실성은 많은 이들에게 인정받지 못했고, 다시 150년쯤 지나서, 요즘 식으로 말하면 '알렉산드리아대학 총장'이라 할 수 있는 위대한 히파르코스의 권위에 의해 뒤집히고 말았습니다.

어쨌든 아름다움과 단순성에 대한 편견과 선입관을 가지고 있는 피타고라스학파가 우주의 구조를 이해하는 방향으로 이후 세대보다 더 훌륭하게 나아갔다는 것, 즉 우리가 이제 진지하게 얘기해야 할 이오니아의 '퓌시올로고이physiologoi'학파[15], 그리고 정신적으로 피타고라스학파의 뒤를 이은 원자론자들보다 더 훌륭하게 나아갔다는 것은, 현대의 냉철한 과학자들에게 조금 당혹스럽긴 하지만 흥미로운 사실입니다. 곧 언급할 이유들 때문에 과학자들은 이오니아학파의 학자들(탈레스, 아낙시만드로스 등)과 특

15 아리스토텔레스는 이오니아학파를 퓌시올로고이라고 불렀는데 이는 '자연에 대해 말하는 사람'이라는 뜻이다.

히 위대한 원자론자 데모크리토스를 누구보다도 자신들의 정신적 조상으로 여기는 경향이 매우 강했습니다. 그러나 데모크리토스조차도 평평하고 탬버린처럼 생긴 지구라는 개념에 붙들려 있었습니다. 이 개념은 에피쿠로스를 통해 원자론자들이 계속 껴안고 있었고, 1세기 무렵의 시인 루크레티우스에 이르기까지 존속되었습니다. 피타고라스학파의 근거 없고 초자연적인 환상과 오만한 신비주의에 대한 혐오감 때문에 데모크리토스 같은 명철한 사상가가, 제멋대로 꾸며낸 것이라는 인상을 주었던 그들의 모든 가르침을 거부하는 데 영향을 미쳤을 것입니다. 그러나 진동하는 현에 대한 초보적이고 단순한 청각 실험 장치에 훈련된 피타고라스학파는 예민한 관찰력으로 자신들이 가진 편견이라는 안개를 뚫고 진리에 아주 근접한 무언가를 알아볼 수 있었음이 틀림없습니다. 그것은 태양 중심 세계관이 빠르게 퍼지는 데 타당한 근거가 되었을 것입니다. 안타깝지만, 이 세계관은 알렉산드리아학파의 영향 아래 퍼질 때만큼 빠르게 폐기되었습니다. 알렉산드리아 학자들은 자신들이 편견 없고 사실을 따르는 진지한 과학자들이라고 믿었습니다.

지금까지 나는 이 짧은 논의에서 크로톤의 알크마에온의 해부학 및 생리학 방면의 발견을 언급하지 않았습니다. 그는 동시대에 활동했으나 피타고라스보다 나이는 더 적었습니다. 그는 주요한 감각신경 조직을 발견했고, 이런 신경 조직이 뇌로 들어가는 경로를 추적했습니다. 그는 이 경로가 정신의 활동에 상응하는 중심 조직이라는 것을 알아보았습니다. 그때까지 심장(에토르ἦτορ, 카르디아καρδία), 횡경막(프레네스φρένες) 그리고 호흡(프네우마πνεῦμα, 라틴어 anima>animus)은 마음 혹은 영혼과 연결되는 것으로 여겨졌습니다. 그리고 알크마에온의 발견에도 불구하고 또한 그후로도 오랫동안 그러했습니다. 이러한 기관들을 가리키기 위해 구사한 비유적 표현을 통해 이 점을 알 수 있습니다. 이런 비유적인 표현들의 흔적은 모든 현대 언어에서 발견됩니다. 고대의 의학적 성취에 대해서는 이 정도로 해 둡시다. 독자들은 다른 서적에서 충분한 정보를 쉽게 찾을 수 있을 것입니다.

4장 / 이오니아의 계몽

이제 밀레토스학파라는 이름으로 분류되는 철학자들(탈레스, 아낙시만드로스, 아낙시메네스)로 돌아가봅시다. 그리고 다음 장에서는 어느 정도 이들과 연결되는 철학자들(헤라클레이토스, 크세노파네스)을 살펴본 다음 원자론자들(레우키포스, 데모크리토스)을 살펴보려 합니다.

먼저 다음 두 가지를 지적해야겠습니다. 첫째, 앞 장에서 여러 철학자를 다루었는데 이는 연대순이 아닙니다. 이오니아의 '퓌시올로고이' 세 사람(탈레스, 아낙시만드로스, 아낙시메네스)이 활약하던 시기는 각각 기원전 585, 565, 545년 무렵입니다. 이와 달리 피타고라스가 활약하던 시기는 기원전 532년 무렵입니다. 둘째로, 이 전체 그룹이 우리의 현재 맥락에서 이중의 역할을 수행하고 있다는 사실을 지적하고 싶습니다. 이들은 피타고라스학파가 그랬던 것처럼 명백히 과학적 세계관과 목표를 가지고 있습니다. 그러나 서로 대립하는 '이성 대 감각'에 대해서는 피타고라스학파와 반대의 입장을 보입니다. 여기에 대해서는 둘째 장에서 설명했습니다. 그들은 세계를 우리의 감각에 주어진 것으로 받아들이고 이를 설명하려고 노력하며, 거리를 오가는 장삼이사와 마찬가지로 이성의 가르침에 신경을 쓰지 않습니다. 그들의 사고방식은 보통 사람들의 사고방식에서 유래했으며 수공예품의 문제점이나 유사성에서 출발하여 항해, 지도 제작, 삼각측량에 실제로 적용됩니다.

다른 한편 나는 여기서 독자들에게 우리의 핵심 문제를 상기시키고자 합니다. 이는 오늘날 과학자들이 그리스 철학에서 기원했다고 여기는 특별하고 다소 인위적인 특징을 찾아내는 일입니다(곰페르츠, 버넷). 우리는 그런 특징 두 가지를 제시하고 논의할 것입니다. 하나는 소위 세계가 **이해될 수 있다**는 가정이고, 또 하나는 우리가 구성하는 합리적인 세계의 그림에서 **'이해하는 자'**(인지의 주체)**의 인격을 배제하는** 잠정적인 장치를 단순화하는 것입니다. **첫 번째** 특성은 명백히 이오니아학파의 세 '퓌시올로고이' 혹은 탈레스로부터 유래합니다. **두 번째** 특징, 즉 주체를 배제하는 것은 뿌리 깊은 습관이 되었습니다. 이오니아인들이 만든 객체적 세계상을 형성하려는 모든 시도에 이 습관이 내재하게 되었습니다. 주체에 대한 배제가 특별한 장치라는 사실을 의식하는 사람은 거의 없었기 때문에, 아주 미세하고 변덕스럽고 유동적인 물질로 만들어진 물질이든, 물질과 상호작용하는 유령 같은 물질이든, 물질적 세계상 안에서 주체를 영혼의 형태로 추적하려 했습니다. 이 순진한 구성물은 수세기에 걸쳐 전해져 내려왔으며, 오늘날에도 전혀 사라지지 않았습니다. '배제' 과정에 의식적으로 마련된(아마 그렇지는 않았을 것입니다) 명확한 단계를 추적할 수는 없겠지만, (기원전 500년경에 활약한) 헤라클레이토스의 단편들에서 그가 이러한 사실을 알고 있었다는 분명한 증거를 발견할 수 있습니다. 그리고 2장 말미에서 이미 언급했던 데모크리토스의 단편에는, 헤라클레이토스가 세계에 대한 자신의 원자 모형에서 이 모형의 바탕이 되었던 주체적인 특성들, 감각으로 받은 것이 모두 없어져버렸다는 사실에 걱정했다는 말이 나옵니다.

이오니아의 계몽이라 불리는 운동은 바로 이 주목할 만한 기원전 6세기에 시작되었습니다. 마침 이 세기에 동아시아에서도 엄청난 결과를 낳은 종교적인 흐름이 나타났습니다. 이 흐름은 고타마 싯다르타(기원전 560년경 탄생), 노자와 그보다 젊은 동시대인 공자(기원전 551년 탄생) 같은 인물들과 관련이 있습니다. 이오니아학파는 이오니아라고 불리는 좁은 변두리, 즉 소아시아 서부 해안 지역과 그 앞쪽 바다에 떠 있는 섬들에서 갑자기 나타났습니다. 당시 그곳에 형성된 철학 탐구에 특별히 유리했던 지리적 역사적 조건에 대해서는, 사람들이 내 능력으로 묘사할 수 있는 것보다 훨씬 더 멋지게 표현해 왔습니다. 자유롭고 분별 있고 지적인 사상의 발전에 우호적인 여건이었습니다. 세 가지 요점을 얘기해보겠습니다.

첫째, 이 지역은 (피타고라스가 살았을 당시 남부 이

탈리아처럼) 흔히 자유로운 사고에 적대적이기 마련인 큰 권력을 휘두르는 국가나 제국에 속해 있지 않았습니다. 이오니아 지역은 작고 자치를 누리는 부유한, 도시국가 혹은 섬나라들이, 공화국이나 독재국가의 형태로 구성되어 있었습니다. 어느 경우이든 이들 국가는 가장 똑똑한 사람들이 지배하거나 통치한 경향이 있는 것 같습니다. 늘 그렇듯이 다소 이례적인 일이었습니다.

둘째, 섬들과 소아시아의 구불구불한 해안 지역에 사는 이오니아 사람들은 항해를 업으로 삼은 사람들이었고, 동양과 서양 가운데 놓여 있었습니다. 이들은 소아시아 해안 지역, 페니키아, 이집트로 이어지는 지역, 그리스, 이탈리아, 그리고 남부 프랑스로 이어지는 지역 사이에서 재화 교환을 중개하여 번창했습니다. 상업적인 교환은 항상 어디서나 사상을 교환하는 주요한 매개체입니다. 지금도 마찬가지입니다. 이런 교환을 처음 하는 사람들은 책상머리 학자, 시인이나 철학 선생이 아니라, 선원과 상인이기 때문에 실용적인 문제들로부터 출발하게 마련입니다. 제조 도구, 새로운 수공예 기술, 운송 수단, 항해 장비, 항만을 설계하고 돛을 달고 물류 창고를 만드는 방법, 상수 공급 등이, 한 민족이 다른 민족에게 배우는 첫째가는 것에 속하겠지요. 기량이 빠르게 발달하면 이런 종류의 중요한 과정이 진행되면서 지적인 사람들이 나올 터이고, 이론화하는 사상가들의 정신을 자극하게 됩니다. 사상가들은 새롭게 습득한 기술을 수행하는 데 도움을 달라는 요청을 자주 받을 것입니다. 만약 그들이 세계의 물리적 구성에 대한 추상적인 문제들에 전념한다면, 그들의 사고방식 전체가 이것이 비롯된 실천적 근원의 흔적들을 보여줄 것입니다. 이것이 정확히 우리가 이오니아 철학자들에게서 발견하는 것입니다.

셋째, 이오니아 공동체들은 성직자들의 지배를 받지 않았다는 것입니다. 바빌로니아나 이집트에서처럼, 이오니아에는 특권을 행사하는 세습 성직자 제도가 없었습니다. 이들 계급은 지배자는 아니지만 보통 새로운 사상에 반대하는 입장에 섭니다. 왜냐하면 세계관이 변하면 결국 그들 자신과 그들의 특권이 흔들릴 것이라는 사실을 본능으로 알기 때문입니다. 이오니아에서 독자적인 새로운 사상의 시대가 열린 것은 바로 이러한 조건들이 우호적으로 작용했기 때문입니다.

많은 어린 학생이나 젊은 연구자가 교재나 다른 서적에서 탈레스, 아낙시만드로스 등에 관한 짧은 글을 마주쳤을 것입니다. 어떤 사람은 모든 것이 물이라고, 또 다른 사람은 모든 것이 숨이라고, 또 다른 사람은 모든 것이 불이라고 어떻게 가르쳤는지를 읽으면서, 천체 속을 흐르는 화염 운하가 뚫린 구멍을 통해 비쳐 나온다든가, 대기를 오르내리는 흐름 같은 이상한 생각들을 배우면서 학생들은 지루해하며 핵심에서 완전히 벗어난, 그런 투박한 옛날 것에 왜 흥미를 느껴야 하는지 궁금했을 것입니다. 그렇다면 사상의 역사에서 그때 일어난 위대한 것은 무엇이었는가, 우리는 왜 이 사건을 과학의 탄생이라고 부르며, 왜 밀레토스의 탈레스를 세계 최초의 과학자(버넷)라고 말하는 것일까요?

이오니아 사람들은 그들 주변의 세계가, 적절히 관찰하는 수고를 들이기만 한다면 **이해할 수 있는** 것이라고 보았습니다. 이는 정말 원대한 생각이었습니다. 또한 그들이 보기에 이 세계는, 순간적인 충동으로 (혹은 다소 제멋대로) 행동하고, 열정, 분노, 사랑이나 복수심으로 움직이고, 증오를 터뜨리고, 경건한 제물에 마음을 풀기도 하는 신이나 귀신, 영혼의 놀이터가 아니었습니다. 이오니아 사람들은 당시 횡행하던 온갖 미신에서 완전히 해방되었을 것입니다. 그들은 세계를 다소 복잡한 메커니즘으로 보았고, 세계는 영원히 변치 않는 내재된 법칙들에 따라 움직인다고 생각했으며 이 법칙들을 궁금해하며 정체를 밝혀내고 싶어 했습니다. 물론 이것은 오늘날에 이르기까지 과학 하는 사람의 기본적인 태도입니다. 이러한 태도는 우리 안에 완전히 녹아들어서 누군가 그것을 발견해 프로그램으로 만들고 연구에 착수해야 한다는 사실조차 잊어버리기에 이르렀습니다. 호기심은 자극제입니다. 과학자에게 요구되는 첫째 덕목은 궁금해하는 것입니다. 과학자는 놀랄 수 있어야 하고, 발견해내고 싶어 해야 합니다. 플라톤, 아리스토텔레스, 에피쿠로스는 놀람(타우마제인θαυμάζειν)의 중요성을 강조합니다. 이는 전체를 포괄하는 세계에 대한 보편적인 질문들과 관련되는 경우 결코 사소하지 않습니다. 실로 이 놀람은 우리에게 딱 한 번 주어지며 이와 비교할 만한 것이 없기 때문입니다.

우리는 이것을 **첫째 단계**라고 부르는데, 이는 실제 설명의 적합성과는 무관하게 지극히 중요합니다. 나는 이것을 완전한 새로움이라고 말해도 틀린 것이 없다고 믿습니다. 바빌로니아 사람들과 이집트 사람들은 천체 궤도의 규칙성에 대해, 특히 일식이나 월식 현상에 대해 아주 잘 알고 있었습니다. 그러나 이러한 현상을 종교적인 비밀이라 여겼으며, 자연적인 설명을 구하려 들지 않았습니다. 세계를 그러한 규칙성이라는 틀로 총체적으로 기술해보려 시도하지도 않았습니다. 호메로스의 시에서 신들은 자연적인 사건들에 끊임없이 간섭하고, 『일리아스』에서는 인간의 희생을 강요하는데 이런 장면들은, 앞서 언급한 내용을 문학적으로 그려낸 것입니다. 그러나 진정으로 과학적인 세계관을 최초로 창조해낸 이오니아인들의 놀라운 발견을 알아보기 위해 그들 선조의 업적과 대조해볼 필요는 없습니다. 이오니아 사람들도 미신을 뿌리뽑는데 성공하지 못했습니다. 이후 오늘날에 이르기까지 미신으로 혼란스럽지 않았던 시대는 없었습니다. 여기에서 나는 대중적인 믿음을 말하는 것이 아닙니다. 몇몇 예를 들면 아르투르 쇼펜하우어, 올리버 로지 경, 라이너 마리아 릴케같이 진정으로 위대한 사람들조차 갈팡질팡하는 태도를 보였다는 얘기입니다. 이오니아인들의 태도는 원자론자들(레우키포스, 데모크리토스, 에피쿠로스, 루크레티우스)과 함께 계속 살아 있었고, 다른 방식으로나마 알렉산드리아의 과학적 학파들에도 살아 있었습니다. 불행히도 자연철학과 과학적 연구는 이후 기원전 마지막 3세기에 해당하는 기간에 현대의 경우처럼 분리되고 말았습니다. 이러한 과학적 세계관이 점차 소멸된 이후, 서기 첫 몇 세기에 이르러 세계는 윤리학과 이상한 종류의 형이상학에 점점 더 관심을 기울였고 과학은 신경 쓰지 않았습니다. 17세기 이전까지 과학적 세계관은 힘을 얻지 못했습니다.

둘째 단계도, 시기가 거의 동일한데, 탈레스까지 거슬러 올라가야 할 것입니다. 이는 세계를 구성하는 모든 물질이 무한히 다양하지만 공통점이 많으며, 본질적으로는 동일한 물질이라는 것을 인식하는 단계입니다. 우리는 이를 배아 단계에 있는 프라우트의 가설Prout's hypothesis[16]이라고 부를 수 있습니다. 이는 우리가 첫 단계라고 일컬었던 세계를 이해해 가는, 그리고 세계를 이해할 수 있다고 하는 확신을 실현해 가는 첫 번째 움직임이었습니다. 우

16 19세기 초 영국 화학자 윌리엄 프라우트가 원소들의 원자량이 수소 원자량의 배수로 측정된 실험 결과를 토대로 수소 원자를 물질의 기본 단위로 상정한 가설을 가리킨다. 원문에는 프루스트의 가설 Proust's hypothesis로 잘못 나와 있다. (옮긴이주)

리의 현재 세계관으로 보면, 이러한 움직임은 정확히 핵심을 건드렸으며 놀랍도록 적절했다고 말해야겠습니다. 탈레스는 감히 물(휘도르ὕδωρ)을 기본 물질이라 생각했습니다. 이 물을 순진하게 우리가 알고 있는 'H_2O'와 연관짓기보다는, 보편적인 액체 혹은 유체(타 휘그라τὰ ὑγρά)와 관련 짓는 편이 낫습니다. 탈레스는 모든 생명이 액체 혹은 수분에서 생겨나는 듯해 보이는 현상을 관찰했을 것입니다. 가장 친숙한 액체(물)가 모든 것을 이루는 하나의 물질이라고 여기면서, 탈레스는 물리적 응집 상태(고체, 액체, 기체)는 부차적인 것이라고 주장했습니다. 탈레스가 현대인의 사고에 걸맞게 '그것에 이름을 붙입시다, **질료**(휠레ὕλη)라 부르죠, 이제 그 성질을 조사합시다'라고 말하며 만족했을 것 같지는 않습니다. 새로운 발견은 보통 과장되고, 나중에 폐기될 세부 사항이 덕지덕지 달린 가설로 꾸며지는 경우가 아주 많습니다. 이는 '알아내려는' 우리의 강렬한 욕구 때문이며, 앞서 말했듯이 무언가를 알아내기 위해 꼭 필요한 과학적 호기심이 작용했기 때문입니다. 몇몇 고전 주해자들이 탈레스의 생각이라고 상세히 보고한 다소 흥미로운 얘기가 있는데, 땅이 '나무토막처럼' 물 위에 떠다닌다는 것입니다. 땅의 상당 부분은 물에 잠겨 있어야 한다는 뜻입니다. 이 이야기는 한편으로는 델로스섬에 관한 오래된 신화를 떠올리게 합니다. 레토가 델로스섬에서 쌍둥이 아폴론과 아르테미스를 출산할 때까지

섬이 이리저리 떠돌아다녔다고 하죠. 이 이야기는 다른 한편으로는 현대의 지각평형설과 놀랍도록 비슷합니다. 이 이론에 따르면 대륙은 액체 위에 떠 있는데, 대양의 물이 아니라 그 아래 용융되어 있는 더 무거운 물질 위에 떠 있습니다.

사실 탈레스가 자신의 일반 가설을 만들 때 보이는 '과장'이나 '성급함'은 그의 제자이자 동료(헤타이로스 ἑταῖρος)였던 아낙시만드로스가 곧 수정했습니다. 아낙시만드로스는 탈레스보다 스물 살가량 더 어렸습니다. 그는 보편적인 세계 물질이 이미 알려진 어떤 물질과 동일할 것이라는 설을 부정했고, 해당 물질을 지칭하는 이름을 만들어 이를 무한정자(아페이론ἄπειρον, the Boundless)라고 불렀습니다. 이 흥미로운 용어를 두고, 마치 새로 고안해낸 이름 외에 뭔가 더 있었던 양 고대인들은 꽤 소란을 피웠습니다. 여기서 이것을 자세히 얘기하지는 않겠지만, 물리적 개념들의 발달 과정상 중요한 **셋째 단계**라고 부르게 될 핵심적인 물리적 개념들의 흐름을 따라 논의를 진행할 것입니다. 이는 아낙시만드로스의 동료이자 제자인 아낙시메네스와 관련된 부분인데, 그는 아낙시만드로스보다 스무 살가량 어렸습니다(기원전 526년에 사망했습니다). 아낙시메네스는 물질의 가장 명백한 변형은 '희박해지거나 조밀해지는 것'이라고 인식했습니다. 모든 물질은 적절한 환경에서 고체, 액체 혹은 기체 상태로 변화할 수 있다고 주장했습니다. 아낙시메네스는 가장 기본적인 물질을 알아보려고 공기를 선택했기에 스승보다 더 탄탄한 기반을 다질 수 있었습니다. 만일 그가 '분리된 수소 기체'(이렇게 말했으리라 기대하기는 거의 불가능하지만)라고 말했다면, 현재 우리의 세계관과 그렇게 다르지 않았을 것입니다. 어쨌든 기체가 희박해져서 더 가벼운 물체(불과 대기의 상층부에 있는 더 가볍고 더 순수한 원소)가 형성되며, 반면 박무, 구름, 물 그리고 고체 흙은 연속적인 조밀화 단계들을 거쳐 생성된다고 설명했습니다. 이러한 주장은 모두 당시의 지식과 개념으로 만들어낼 수 있는 것인 만큼 적절할 뿐 아니라 옳습니다. 이것이 단지 부피만 조금 변화하는 문제가 아님을 주목해야 합니다. 보통의 기체 상태에서 고체나 액체 상태로 변환할 때 밀도는 1000~2000배 증가합니다. 예를 들어서 대기압 아래서 수증기 1세제곱인치가 조밀화되면, 지름이 10분의 1인치보다 작은 물방울로 줄어듭니다. 아낙시메네스는 액체인 물이나 심지어 단단한 고체인 돌조차 기본적인 기체 기질(이것은 탈레스와 비교하면 정반대 관점처럼 보임에도 불구하고)의 조밀화로 형성된다고 보았는데, 이는 아주 과감하고 오늘날 우리의 관점에 훨씬 더 가깝습니다. 왜냐하면 우리는 기체를 가장 단순하고 가장 원초적이고, '모이지 않은' 상태라고 생각하기 때문입니다. 이런 상태로부터, 기체에서 부차적인 역할을 하는 물질들이 개입해 액체와 고체가 형성되는데 이 과정은 꽤 복잡합니다. 아낙시메네스는 추상적인 환상에 빠져들지 않았고, 자신의 이론을 구체적인 사실들에 적용하려 했습니다. 이는 그가 몇몇 사례에서 획득한 놀랍도록 정확한 통찰로부터 알 수 있습니다. 요컨대 우박과 눈의 차이와 관련해(둘 다 고체 상태의 물, 즉 얼음으로 구성되어 있습니다) 그가 우리에게 말하는 바는, 우박은 구름에서 떨어지는 물(즉 빗방울)이 얼어서 형성되는 반면 눈은 수분이 많은 구름 자체가 고체 상태가 되면서 만들어진다는 것입니다. 현대의 기상학 교과서에도 이와 거의 비슷하게 쓰여 있을 것입니다. (두서없이 덧붙여 말하자면) 별들은 우리에게 열을 주지 않는데, 이유는 이 별들이 너무 멀리 있기 때문이라고 그는 말했습니다.

희박화-조밀화 이론에서 단연코 중요한 점은, 이 이론이 곧 뒤따라 나온 초기 원자론에 디딤돌이 되었다는 것입니다. 이 점에 주목할 가치가 있습니다. 지나치게 복잡해진 현대인에게는 이 점이 자명해 보이지 않기 때문입니다. 우리는 연속체continuum 개념에 너무 익숙합니다. 혹은 우리 자신이 연속체라고 믿습니다. 최근의 현대 수학(디리클레, 데데킨트, 칸토어)을 공부하지 않았다면, 이러한 개념이 우리의 정신에 엄청난 어려움을 부과한다는 사실에 익숙하지 않을 것입니다. 그리스인들은 이 개념을 만나 어려움에 부딪혔고 심각하게 흔들렸습니다. 한 변의 길이가 1인 정사각형의 대각선에 대응하는 '수가 없다'는 사실 때문에(우리는 이것을 $\sqrt{2}$라고 부릅니다) 이들이 난처한 상황에 처한 것을 보면 알 수 있습니다. 이 문제는 아킬레스와 거북의 달리기, 날아가는 화살에 대한 제논(엘레아학파)의 잘 알려진 역설에서 확인할 수 있습니다. 모래에 대한 다른 역설도 있고, 점들로 이루어진 선에 대해 계속 제기되는 문제도 있습니다. 즉 선이 점들로 구성되어 있다면 그 점들은 몇 개인가 하는 문제입니다. 수학자가 아닌 우리 같은 사람들은 줄곧 이런 어려움을 피하는 방법을 배우면서도 이 문제에 관한 그리스인들의 사유를 이해하는 법을 배우지 않았는데 이는 대체로 십진법 때문이라고 믿습니다. 학교에 다닐 때 우리는, (소수점 아래 수가) 무한으로 달려가는 소수를 생각해볼 수도 있고, 이런 수는 단순히 반복되는 숫자로 표시할 수 없을 때조차 그저 하나의 수를 나타낼 뿐이라는 생각을 그냥 꿀꺽 삼켜야 했습니다. 이런 해소되지 않은 생각은 아주 단순한 숫자, 예를 들어 $\frac{1}{7}$(7분의 1)은, 이에 해당하는 유한한 소수는 없지만 **어떤 숫자가 반복되는** 무한한 소수가 있다는 사실을 더 일찍 배움으로써 좀 더 잘 넘어갈 수 있습니다.

$$\frac{1}{7} = 0.142857 \mid 142857 \mid 142857 \mid \cdots$$

$$\sqrt{2} = 1.4142135624\cdots$$

$\frac{1}{7}$과 $\sqrt{2}$ 사이에는 엄청난 차이가 있습니다. 소수의 '밑(기수)'을 우리가 관습적으로 쓰는 10 대신 무엇으로 선택

하든지 간에[17] $\sqrt{2}$는 자기 특성을 보존하지만, 반면 밑을 7로 잡을 경우 당연히 $\frac{1}{7}$의 '7진 분수' 값은 0.1이 됩니다. 어쨌든, 이해하지 못하더라도 꿀꺽 삼키고 나면, 0과 1 사이의 직선 위 어느 점이든 특정한 수를 지정하는 위치에 있다고 느끼게 됩니다. 실제로는 0과 1 사이만이 아니라 0과 무한대 사이도 가능하고, 영점을 표시한다면 마이너스 무한대와 플러스 무한대 사이도 가능합니다. 우리는 **연속체**를 소유하고 있고 제어하고 있다고 느낍니다.

덧붙여 잘 아는 천연고무를 봅시다. 천연고무줄은 상당히 길게 늘일 수 있고, 아이들 풍선을 불 때처럼 심지어 이 고무로 평면도 만들 수 있습니다. 고체 고무 덩어리로도 이렇게 할 수 있음을 상상하는 데 전혀 어려움이 없습니다. 따라서 모양과 부피를 상당히 많이 변화시킬 수 있는 물질의 연속적인 모형을 받아들이는 데에도 어려움이 없습니다. 그럼에도 불구하고 사실 19세기 물리학자 상당수가 이렇게 하는 데 어려움을 겪었습니다.

그리스인들은 방금 말한 이유 때문에 이런 재료를 가질 수 없었습니다. 그들은 부피라는 것을 물체들이 따로따로 떨어진 개별 입자들로 구성되어 있다는 방식으로 해석하게 됩니다. 이 입자들은 변화하지 않고, 서로 멀어지거나 가까워지면서 입자들 사이의 공간이 더 또는 덜 비

17 2의 제곱근을 7진법으로 표현하면 1.2620346…이다.

어 있게 만듭니다. 이것이 그리스인들의 원자 이론이며, 또한 우리의 원자 이론입니다. 어떤 결여, 즉 연속체에 대한 지식 부족이 오히려 그리스인들을 올바른 방향으로 우연히 이끈 것처럼 보이기도 합니다. 별로 그럴듯하지 않지만 50년 전이라면 이런 결론을 받아들일 수 있었을 것입니다. 1900년 플랑크가 작용 양자를 발견함으로써 시작된 현대 물리학의 최근 국면은, 앞의 이야기와는 반대 방향을 가리키고 있습니다. 그리스인들로부터 유래한 평범한 물질에 대한 원자론을 받아들이기는 하지만, 우리는 여전히 연속체에 익숙해 있었고 이를 부적절하게 사용해 온 것 같습니다. 우리는 **에너지**에 대해 이 연속체 개념을 사용해 왔습니다. 그런데 플랑크의 연구가 이 연속체 개념의 타당성에 의문을 제기했습니다. 우리는 여전히 시간과 공간에 대해서 연속체 개념을 사용합니다. 이는 추상기하학에서도 절대 빼놓을 수 없을 것입니다. 그러나 물리적인 공간과 물리적인 시간에 적용하기에는 부적절하다는 것이 아주 분명해질 수도 있습니다. 밀레토스학파가 이룬 물리 개념의 발전에 대해서는 이 정도 해 둡시다. 이것이 밀레토스학파가 서구 사상에 미친 가장 중요한 기여라고 믿습니다.

밀레토스학파 사람들에 대해 잘 알려진 이야기는, 이들이 모든 물질이 살아 있다고 여겼다는 것입니다. 아리스토텔레스는 영혼에 대해 다루면서 어떤 사람들은 영혼과 '전체the whole'를 뒤섞어버린다고 말합니다. 즉 이런 방식으로 탈레스는 모든 것이 신들로 가득 차 있다고 생각했다는 것입니다. 탈레스는 움직이는 힘이 영혼에서 나온다고 보았는데, 돌에도 영혼을 부여했습니다. 왜냐하면 돌(물론 자철광을 의미합니다)이 철을 움직일 수 있기 때문이라는 것입니다. 탈레스가 무생물(영혼이 없는 것)에도 영혼을 부여했던 이유는 자철광의 이런 성질, 그리고 문지르면 전기를 띠는 호박(엘렉트론ἤλεκτρον)에 전해지는 성질 때문이라는 구절이 있습니다. 다시 말해, 탈레스는 신을 우주의 지성(또는 마음)이라고 여겼고, 우주 전체가 살아 있고 (영혼을 부여받은) 신성으로 가득 차 있다고 생각했다고 합니다. 밀레토스학파에게 붙여진 '물활론자hylozoist'라는 이름(휠레ὕλη hýlē: 물질. 조에ζωή, 조오스ζωός zōós: 살아 있음)은 이 점에 대한 그들의 관점을 가리키는데 고대 어느 시기에 만들어졌습니다. 당시에도 다소 이상하고 유치해 보였음에 틀림없습니다. 왜냐하면 플라톤과 아리스토텔레스는 살아 있는 것과 살아 있지 않은 것을 분명히 구분하고 규정했기 때문입니다. 살아 있는 것은 스스로 움직이는 것, 예를 들어 사람, 고양이 혹은 새, 태양, 달 그리고 행성들입니다. 오늘날 몇몇 관점은 물활론자들이 의미한 바와 느꼈던 것에 아주 바짝 접근합니다. 쇼펜하우어는 '의지'에 대한 그의 기본 개념을 모든 것에 이르도록 널리 확장했습니다. 그는 의지를 동물과 사람의 무의식적인 운동뿐 아니라 떨어지는 돌과 자라나는 나무에도 부여했습니다. (그는 의식적인 인지와 지성을 이차적이고 부차적인 현상으로 보았지만, 여기서는 이 관점을 다루지 않겠습니다.)

위대한 정신생리학자 페히너G. Th. Fechner는 여가시간에도 식물·행성·행성계의 '영혼'에 대해 즐겨 생각했습니다. 그의 생각은 흥미로워서 읽어봄 직한데, 단지 백일몽에서 벗어나는 이상의 의미를 전해줍니다. 마지막으로 찰스 셰링턴의 1937~38년 기퍼드 강연에 대해서 얘기해보겠습니다. 이 강연은 1940년 『자기 본성에 기초한 인간 *Man on his Nature*』이라는 제목으로 출간되었습니다. 물질적 사건들과 유기체의 행동의 물리적(에너지) 측면에 관해 여러 페이지에 걸쳐 길게 논하는데 관련 내용은, 우리 인간의 현재 세계관이 역사적으로 차지하는 위치를 지적함으로써 요약할 수 있습니다. "중세와 그 이후에 … 아리스토텔레스 이전과 마찬가지로, 살아 있는 것과 살아 있지 않은 것 그리고 이들 사이의 경계를 찾기는 어려웠다. 오늘날의 도식으로 보면 경계 찾기가 왜 어려웠는지 분명해지며, 그 문제는 이렇게 해결된다. 경계는 없다."[18] 탈레스라면 이 글을 읽고 이렇게 말할 것입니다. "이건 내가 아리스토텔레스보다 200년 앞서 품었던 생각이다."

18 초판, p.302.

생물과 무생물의 본성이 분리할 수 없이 결합된다는 생각은 밀레토스학파에게 무익한 철학적 수사로 남아 있지는 않았습니다. 예를 들어서 쇼펜하우어가 그랬듯이, 그의 최고의 실수는 **진화**를 반대했다(혹은 더 적절히 말하면, 무시했다)는 것인데, 생물학적인 진화는 라마르크의 학설과 같은 형태로 그의 시대에 정립되었고 몇몇 동시대 철학자들에게 지대한 영향을 미쳤습니다. 밀레토스학파의 한 사람이 갑자기 결론들을 끌어냈고, 생명이 생명 없는 물질로부터 어찌어찌 해서 그리고 점진적으로 유래했음이 틀림없다는 점을 당연시했습니다. 탈레스는 물을 기본 물질로 보았다고 앞서 언급했습니다. 아마도 그는 물기 있거나 촉촉한 데서 자연스럽게 생겨난 생명을 목격했기 때문일 것입니다. 당연히 틀린 결론입니다. 그러나 그의 제자 아낙시만드로스는 살아 있는 것들의 유래와 발생에 대해서 곰곰이 생각하고는 놀랍도록 정확한 결론에 도달했습니다. 게다가 매우 올바른 관찰과 추론이 뒷받침된 결론이었습니다. 인간의 아기를 포함해서 금방 태어난 육상동물들의 무력함을 보고, 아낙시만드로스는 육상동물이 생명의 초기 형태일 리가 없다고 결론을 내렸습니다. 육상동물과 달리 물고기는 보통 알에서 부화한 새끼들에게 더 이상 신경을 쓰지 않습니다. 물고기의 어린 자손은 혼자 살아가야 하며, 덧붙이자면, 물고기는 더 쉽게 이를 해냅니다. 왜냐하면 중력은 물에서 약해지기 때문입니다. 따라서 생명은 물에서 나왔을 것입니다. 인간의 선조는 물고기입니다. 이 모든 것이 놀랍도록 현대의 발견과 일치하며 본질적으로 올바르기도 하여, 덧붙여진 공상적인 세부 사항들이 안타깝게 여겨집니다. 바로 앞서 얘기한 바와는 대조적으로 어떤 물고기들(아마 상어(갈레오스 γαλεός) 같은 종)은 어린 새끼들을 특별한 애정으로 돌보는데, 완전히 자립할 수 있을 때까지 새끼들을 자궁 안에(심지어 자궁에 다시 넣어서) 돌본다고 여겨졌습니다. 아낙시만드로스는 이처럼 새끼를 사랑하는 물고기가 우리의 조상이라고 주장했던 것으로 전해집니다. 육상으로 올라와 일정 기간 생존할 수 있을 때까지 그런 조상들의 자궁 안에서 성장했던 것입니다. 이런 낭만적이고 비논리적인 이야기를 읽을 때, 전부는 아니지만 대부분의 기록들은 아낙시만드로스의 이론에 전혀 동의하지 않는 저자들이 썼다는 점을 상기해야 합니다. 위대한 플라톤도 다소 부당하게 그의 이론을 조롱했습니다. 그래서 그들은 아낙시만드로스의 이론을 이해하려 들지 않았습니다. 아낙시만드로스가 매우 일관되게 물고기와 육상동물의 중간 단계를 지적했다고 할 수 있을까요? 이를테면 물에 알을 낳고 물에서 삶을 시작한 다음, 상당한 변태를 거친 후 뭍으로 올라와서 상당 기간 살아가는 양서류(분류상 개구리가 속하는 강綱, class) 말입니다. 물고기가 점차 사람으로 발전해 갔다는 이런 이야기가 너무 터무니없다고 생각한 사람들은 쉽사리 왜곡해서 '말이 되는' 이야기, 즉 사람이 물고기 안에서 자란다는 식으로 바꿀 수 있었을 것입니다. 이런 이야기는 소크라테스-플라톤 집단 사람들이 즐겼던 자연사에 나오는 다른 낭만적인 픽션과 가족처럼 닮았습니다.

5장
/ 크세노파네스의 종교, 에페소스의 헤라클레이토스

이 장에서 내가 말하고자 하는 위대한 두 인물은 공통점이 있습니다. 둘 다 혼자 다니는 사람이라는 인상을 줍니다. 또 깊이 있고 독창적인 사상가이고, 다른 사람에게 영향은 받지만, 어떤 '학파'에도 서약하지는 않은 인물입니다. 크세노파네스는 대개 기원전 565년경 이후에 태어나 활동한 인물로 추정됩니다. 아흔두 살이 되었을 때, 지난 67년 동안 그리스 나라들(물론 마그나 그라이키아도 포함해서) 전역을 돌아다녔다고 말했습니다. 크세노파네스는 시인이었습니다. 우리에게 전해 내려오는 멋진 시의 단편들을 보면, 엠페도클레스와 파르메니데스의 시와 마찬가지로, 그의 6보격 시와 비가도 대부분 사라졌다는 사실에 깊은 애석함을 느끼게 됩니다. 『일리아스』 같은 전쟁 서사시는 보존되었는데 말입니다. 게다가 내 견해로는 학교에서 읽기에는 『아킬레우스의 분노』(무슨 내용인지 알겠지만)[19]보다는 남아 있는 이런 철학적인 시들이 더 흥미롭고 더 가

19 『일리아스』가 사라져도 별로 애석하지 않은, 그냥 전쟁 서사시에 불과하다는 뜻으로 짐작하지는 않았으면 좋겠다.

치 있고 토론하기에 더 적절할 것입니다. 빌라모비츠[20]에 따르면, 크세노파네스는 "지구상에 존재했던 유일한 진짜 일신론을 세웠습니다."

크세노파네스는 남부 이탈리아의 암석에서 화석을 발견해서 정확히 해석해낸 바로 그 사람이기도 합니다. 기원전 6세기에 말입니다! 그의 유명한 단편들 중 종교와 미신의 시기에 진보적인 사상가들이 어떤 태도를 보였는가를 알려주는 몇 편을 여기서 인용하고 싶습니다. 과학적인 세계관이 들어올 자리를 마련하기 위해서는 당연히, 제우스가 천둥을 일으키고 벼락을 내던지고 아폴론이 분통이 터져 역병을 일으킨다는 등의 생각들을 먼저 치워야 할 필요가 있습니다.

크세노파네스(단편 11)[21]는 호메로스와 헤시오도스가 필멸하는 자들의 수치와 불명예, 사기, 도둑질과 간통, 대단한 재간으로 서로 속이는 행위 등을 죄다 신의 탓으로 돌린다고 말합니다. 그리고 "멸하는 자들이 자식을 가지듯 신들도 자식을 가지고, 신들도 인간들처럼 옷을 입고 목소리와 몸이 있다고 인간들은 여긴다."(단편 14)라고 했습니다.

20 울리히 폰 빌라모비츠-묄렌도르프Ulrich von Wilamowitz-Moellendorff(1848-1931)는 독일의 고전문헌학자로 고대 그리스 문학에 대한 방대한 연구로 널리 알려져 있다. (옮긴이주)

21 단편에 붙이는 숫자는 딜스의 책 초판을 따랐다.

잠시 멈추고 물어봅시다. 일반적인 그리스 대중들이 어떻게 그토록 수준 낮은 신 개념을 받아들일 수 있었을까요? 내 대답은, 당시 그리스인들에게는 그런 개념이 전혀 수준이 낮지 않았다는 것입니다. 반대로, 당시 신 개념은 가련하고 하찮으며 필멸하는 존재일 뿐인 우리 인간이었다면 비난받을 일들을 죄책감 없이 할 수 있도록 허락받은 신들이 강력한 힘을 가지고 자유와 독립을 누린다는 생각에 가까운 것이었습니다. 그리스인들은 자신의 신들을 위대하고 부유하고 강력하고 강인하고 사람들에게 영향력이 있는 이미지로 형상화했습니다. 지금처럼 당시에도 필시 그리스인들도 권력과 부의 힘으로 법망을 피해 범죄와 수치스러운 짓을 저지를 수 있었을 것입니다.

여러 단편들에서 크세노파네스는 신들이 명백히 인간의 상상력의 산물에 불과한 존재라면서 몇 줄에 걸쳐 조롱함으로써 신들을 폐위합니다.

> 그렇다, 황소와 말과 사자가 손을 가지고 있고 손으로 그림을 그릴 수 있고, 사람처럼 예술 작품을 만들 수 있다면, 말은 신의 형상을 말처럼 그릴 것이고 소는 소처럼 그릴 것이며, 다른 여러 동물들도 자신의 형상으로 신의 몸을 만들 것이다. (단편 15)

> 에티오피아인은 그들의 신을 피부는 검게 코는 넓적하게 만들 것이다. 트라키아인은 그들의 신은 푸른 눈과 붉은 머리카락을 가졌다고 말할 것이다. (단편 16)

이렇게 말한 뒤 몇 개의 단편들에서는 크세노파네스 자신의 신관을 서술하는데, 명백히 단수형입니다.

> 유일한 신은, 신들과 인간들 중에서 가장 위대하고, 그의 모습은 필멸하는 존재와 비슷하지도 않고 머릿속에 그려 볼 수도 없다. (단편 23)
>
> 유일한 신은 전체를 보며, 모든 것을 생각하고 듣는다. (단편 24)
>
> 그러나 할 일이 없으면 자기 마음대로 모든 것을 흔들어 놓는다. (단편 25)
>
> 그러고는 전혀 움직이지 않고 똑같은 장소에 머무른다. 시시때때로 여기저기 돌아다니는 것은 그에게 어울리지 않는다. (단편 26)

그런 다음, (나에게) 특히 인상적인 크세노파네스의 불가지론이 나옵니다.

> 신들이나 내가 말하는 모든 것에 대한 지식을 가진 사람은 지금까지 없었고 앞으로도 없을 것이다. 누가 우연히 완전한 진리를 말한다 하더라도, 자신은 그것이 진리인지 알지 못한다. 다만 변덕스러운 의견일 뿐이다. (단편 34)

조금 더 나중에 등장한 사상가인, 에페소스의 헤라클레이토스에게로 방향을 돌려보죠. 그는 조금 더 젊었습니다(기원전 500년경에 활약했습니다). 아마 크세노파네스의 제자는 아니었을 테지만, 그의 글은 접했을 것이고, 크세노파네스와 그보다 더 나이 많은 이오니아 사상가들의 영향을 받았을 것입니다. 헤라클레이토스는 이미 고대의 '모호함'은 넘어섰으며, 내가 감히 말하건대 이로 인해 스토아학파의 창시자인 제논과, 세네카를 포함한 후대의 스토아학파 사람들을 사로잡았습니다. 현재 남아 있는 몇몇 단편들은 이러한 사실을 증언합니다. 물리적인 세계상에 대해 헤라클레이토스가 검토한 세부 사항들은 별로 흥미롭지 않습니다. 사상의 영역에서 이오니아식 계몽이라는 흐름이 보편적이었고, 불가지론의 기운이 강했으며, 크네노파네스와 비슷했습니다. 분명하고 특징적인 몇몇 표현은 다음과 같습니다.

> 이 세계는, 우리 모두에게와 마찬가지로, 신들이 만든 것도 아니고 인간들이 만든 것도 아니다. 세계는 과거에도 현재도 미래에도, 부분적으로는 타오르고 부분적으로는 꺼지기도 하는 영원히 살아 있는 불이다. (단편 30)
>
> 인간들이 죽을 때 기다리는 것은 그들이 기대하지도 꿈꾸어보지도 못한 그런 것이다. (단편 27)

이해하기 힘든 단편들도 있습니다(버넷의 번역을 인용했습니다).

> 인간은 밤시간에 자신을 위해서 불을 밝힌다. 밤시간에 인간은 죽어 있지만 또 한편 살아 있다. 잠자는 자는, 그의 시각은 꺼져 있지만, 죽은 자들로부터 밝혀진다. 깨어

있는 자는 잠든 자로 인해 밝혀진다. (26편)

한 단편 모음은 매우 깊은 인식론적 통찰을 가리키는 것으로 보입니다. 모든 지식은 감각 지각에 기초하기 때문에 감각 지각은 깨어 있을 때나 꿈꿀 때나 환각에 빠져 있을 때나 상관없이, 건전한 정신 상태이든 아니든 상관없이 이론적으로는 동일해야 합니다. 차이를 빚어내 우리로 하여금 감각 지각에 기반해 신뢰할 수 있는 세계상을 구축할 수 있게 하는 것은, 이 세계가 우리 모두에게, 더 정확히 말해 깨어 있고 분별 있는 사람 모두에게 공통되도록 구성될 수 있다는 것입니다. (당시에는 꿈에서 보는 유령을 현실이라고 생각하는 것이 훨씬 더 일반적이었다는 사실을 잊지 말아야 합니다. 그리스 신화에는 이런 이야기로 가득합니다.) 그 단편들에는 이렇게 쓰여 있습니다.

> 따라서 **공통된 것**을 따라가야 할 필요가 있다. 이성(로고스 λόγος)은 공통된 것이다. 하지만 대다수 사람들은 자신만의 식견을 가지고 있는 것처럼 살아간다. (단편 2)
>
> 우리는 잠자는 자들처럼 말하거나 행동하면 안 된다.(설명: 그때(꿈속에서)도 우리가 말하고 행동한다고 믿기 때문이다.) (단편 73)

그리고 중요한 구절은 다음과 같습니다.

> 온전한 정신(크쉰 노오이ξὺν νόῳ)을 가지고 말하는 자는 모두에게 공통된 것(보편적인 것)을 꽉 붙들고 있어야 한다.

마치 도시가 법을 신봉하는 것처럼, 아니 그보다 훨씬 강하게 붙들어야 한다. 왜냐하면 인간의 모든 법은 하나의 신성한 법으로부터 나오기 때문이다. 이 신성한 법은 원하는 대로 지배하며 모든 것을 충족시키고도 남음이 있다. (단편 114)

깨어 있는 자들은 하나의 공통된 세계를 갖지만, 잠자는 자들은 여기서 벗어나 자신만의 세계로 나아간다. (단편 89)

나는 특히 공통된 것을 꽉 잡고 있으라고 강조하는 것에 감명받습니다. 즉 광기를 피하기 위해 '바보'가 되는 것을 피하기 위해서 말입니다(바보라는 말은 개인적인 것, 자기 자신만의 것을 의미하는 이디오스ἴδιος에서 왔습니다). 헤라클레이토스는 사회주의자가 아니었습니다. 귀족주의자나 '파시스트' 같은 거라면 몰라도.

이런 해석이 옳다고 나는 믿습니다. 이러한 '공통'에 대한 합리적인 설명을 헤라클레이토스 같은 사람의 글 말고는 어디에서도 찾아볼 수 없었습니다. 그는 한번은 이와 비슷한 말을 합니다. 천재 한 사람이 군중 만 명보다 더 중요합니다. 헤라클레이토스는 가끔 꽤 강하게 니체—위대한 '파시스트'!—를 생각나게 합니다. 모든 좋은 것은 분투와 투쟁의 결과입니다.

종합하면, 내 생각에 이는 우리가 감각하는 부분과 경험들이 겹친다는 사실로부터 실제 세계에 대한 개념들을 형성한다는 것을 의미합니다. 말하자면 그렇습니다.

이 겹치는 부분, 그것이 실제 세계입니다.

개괄하자면, 내 생각에는, 세계에 대한 사람들의 생각을 써 놓은 초기 기록들에 종종 나타나는 심오한 철학적인 생각들에 너무 놀랄 필요는 없습니다. 오늘날 만들어지고 있거나 꽉 붙들어야 할 개념들을 찾으려면 어느 정도 추상화하기 위해 노력하고 노동을 해야 합니다. 인간 사상의 역사에서 이런 초창기 사유가, 상징적으로, '훨씬 더 자연에 가깝다'고 생각할지도 모르겠습니다. 이성적인 세계상은 아직 구현되지 않았고, '우리 주변의 실제 세계'가 어떻게 구성되어 있는지 우리는 아직 모르고 있습니다. 어쨌든 많은 민족들, 인도인들, 유대인들, 페르시아인들의 오래된 종교적 글들에 그런 초기의 심오한 사상을 보여주는 사례가 많습니다.

깊은 철학적 자각에 이른 초기 사상들을 비교하다 보면, 나는 위대한 산스크리트 학자이자 흥미로운 철학자인 도이센P. Deussen의 말을 기억하지 않을 수 없습니다. 그는 이렇게 말했습니다. "아이들이 자신의 인생에서 첫 2년 동안 말을 할 수 없다는 사실이 너무 안타깝다. 왜냐하면 이때 말을 할 수 있다면 아이들은 칸트 철학을 말할 텐데."

6장 / 원자론자들

레우키포스와 데모크리토스(기원전 460년경 탄생)의 이름을 따라다니는 고대 원자론은 현대 원자 이론의 진정한 조상일까요? 종종 제기된 이 질문에 대한 매우 다양한 의견이 기록되어 있습니다. 곰페르츠, 쿠르노, 버트런드 러셀, 버넷의 대답은, '그렇다'입니다. 패링턴은 '어느 정도'는 그러하며 두 이론에 공통점이 많다고 말합니다. 셰링턴은 그렇지 않다고 말합니다. 고대 원자론은 순전히 질적인 성질을 띠고 있으며, '원자'(자를 수 없는 혹은 나누어질 수 없는)라는 말에 담긴 기본 아이디어를 보면 그 이름 자체가 잘못 지어졌다고 지적합니다. 고대 그리스 로마를 연구하는 학자들이 부정적인 의견을 낸 적이 있는지 나는 알지 못합니다. 그리고 과학자들이 의견을 내는 경우, 그들은 항상 물리학이 아니라 화학이 원자와 분자 개념을 다루는 적절한 영역이라고 본다는 뜻을 내비칩니다. 과학자는 돌턴(1766년생)의 이름을 언급할 테고, 이 맥락에서 가상디(1592년생)의 이름은 제외할 것입니다. 명백히 근대과학에 원자론을 다시 들여온 사람은 가상디이며, 그는 현전하는 에피쿠로스(기원전 약 341년생)의 저작들을 상당량 연구한 후에 원자론에 도달했습니다. 에피쿠로스는 데모크리토스의 이론을 이어받았으며, 데모크리토스의 원래 글은 극소수만 전해지고 있습니다. 주목할 만한 사실은, 라부아지에와 돌턴의 발견에 뒤이은 중요한 발전 이후, 19세기 말엽 화학에서 한 가지 강력한 운동이 일어났다는 점입니다. (이 운동을 일으킨 것은 '에너지 근본주의자'였습니다.) 이는 빌헬름 오스트발트가 이끌고 에른스트 마흐의 관점으로 뒷받침되었는데 이들은 원자론을 폐기하자는 주장을 지지했습니다. 원자론은 화학에 필요하지 않으며, 실증되지 않는 혹은 실증할 수 없는 가설이므로 제외해야 한다고 했습니다. 고대 원자론의 기원, 그리고 현대 이론과 고대 원자론의 연관성에 대한 의문은 순수한 역사적 관심을 넘어서는 것입니다. 고대 원자론으로 돌아가봅시다. 먼저 나는 데모크리토스의 견해에서 주요한 특징을 간추리겠습니다.

(1) 원자들은 보이지 않을 정도로 작습니다. 원자들은 모두 동일한 물질이거나 동일한 성질(퓌시스φύσις)을 띱니다. 그러나 엄청나게 많고 모양과 크기가 다양하며, 이것이 원자들의 유일한 특성입니다. 원자들은 침투할 수 없는 성질을 지니며, 서로 밀고 돌리는 것과 같은 직접 접촉으로 상호작용합니다. 그리고 동일한 원자들과 다른 종류의 원자들이 뭉치고 엮여서 생기는 다양한 형태들이, 우리가 관찰하는 바와 같이, 서로 수없이 상호작용하며 무

한히 다양한 물체를 만들어냅니다. 원자 바깥 공간은 비어 있습니다. 우리에게는 당연해 보이는 견해이지만, 고대에는 끝없는 논쟁의 대상이었습니다. 왜냐하면 많은 철학자들이, 메 온μή ὄν, 즉 **있지 않는** 것the thing that is not은 **존재할** 수 없다고, 즉 비어 있는 공간은 존재할 수 없다고 결론 내렸기 때문입니다!

(2) 원자들은 **영구운동** 속에 있습니다. 우리는 이것을 원자의 운동이 불규칙하게 혹은 무질서하게 모든 방향으로 전달되는 것으로 이해합니다. 가만히 있거나 느리게 운동하는 물체들 안에서도 원자들이 끊임없이 운동한다면 이와 다른 양상은 생각할 수 없기 때문입니다. 데모크리토스는 빈 공간에는 위도 아래도 앞도 뒤도 없고, 더 우선시되는 방향이 없다고, 다시 말해 빈 공간은 등방적이라고 분명히 말합니다.

(3) 원자들의 끊임없는 움직임은 스스로 지속되며 멈추지 않습니다. 이는 당연하게 여겨졌습니다. 어림짐작으로 **관성의 법칙**을 발견한 것은 대단한 위업으로 존중되어야 할 것입니다. 왜냐하면 관성의 법칙은 경험과 명백히 모순되기 때문입니다. 이 법칙은 2000년 후 갈릴레오에 의해 복원되었습니다. 갈릴레오는 추와 기울인 홈통 아래로 굴릴 공을 사용해 신중하게 실험했고 이 결과를 독창적으로 일반화하여 관성의 법칙에 도달했습니다. 데모크리토스 시절 사람들은 결코 받아들일 수 없었을 것입니다. 관

성의 법칙은 아리스토텔레스에게 큰 어려움을 주었습니다. 그는 천구의 원운동만이 영원히 변화하지 않고 지속될 수 있는 자연스러운 운동이라고 여겼습니다. 현대의 용어로 말하자면, 원자들은 **관성 질량**을 가지고 있습니다. 관성 질량은 빈 공간에서 원자들이 운동을 계속하게 하며 부딪히는 다른 원자에게 운동을 전달합니다.

(4) 무게나 중량은 원자의 근본 성질로 여겨지지 **않았으며** 일반 회전운동이라는 나름 아주 독창적인 방식으로 설명되었습니다. 즉 회전운동에 의하면 더 크고 더 무거운 원자들은 회전 속도가 더 느린 중심으로 향하려 하고, 더 가벼운 원자들은 중심에서 멀리 떨어진 천구 쪽으로 밀려나거나 내던져진다는 것입니다. 설명을 읽다 보면 원심분리기에서 일어나는 일이 떠오를 겁니다. 물론 원심분리기에서는 정반대 현상이 나타나는데, 특히 더 무거운 물체는 밖으로 밀쳐지고, 가벼운 물체는 중심으로 가려고 합니다. 한편, 만약 데모크리토스가 직접 차 한잔을 만들어서 스푼으로 원을 그리며 저어보았다면, 찻잎들이 잔 한가운데로 모이는 것을 발견했을 것입니다. 이것은 그의 회전-이론을 보여주는 훌륭한 예입니다(이 현상은 정확히 반대 사실에 기초하고 있습니다. 회전은 바깥쪽보다 중간에서 더 강한데, 바깥쪽에서는 벽 때문에 감속되기 때문입니다). 나는 무엇보다 다음과 같은 사실이 놀랍습니다. 지속적인 회전에 의한 이런 중력 개념이 자동적으로 구면 대칭 세계 모

형과 구형 지구를 암시한다고 생각했다는 사실 말입니다. 하지만 그렇지 않았습니다. 데모크리토스는 다소 모순되게도 탬버린 같은 모양을 고수했습니다. 그는 천구가 정말로 매일 회전한다고 계속 생각했습니다. 그리고 탬버린처럼 생긴 지구가 공기 쿠션 위에 놓여 있다고 보았습니다. 아마도 그는 피타고라스학파와 엘레아학파의 어리석은 이야기에 질려서 그들이 하는 이야기는 무엇이든 받아들이기 싫었을 것입니다.

(5) 그러나 내 생각에는, 데모크리토스의 이론이 겪은 가장 심각한 패배, 즉 수세기 동안 '잠자는 미녀'로 선고받은 이유는 그가 자신의 이론을 영혼까지 확장했기 때문입니다. 영혼은 물질로 된 원자들, 현저히 빠르게 움직이는 특별히 작은 원자들로 구성되어 있고, 온몸에 퍼져 몸의 기능에 관여하는 것으로 간주되었습니다. 애석한 일이죠. 왜냐하면 이 이론은 이후 세기에 가장 정교하고 심오한 사상가들을 내쫓아버릴 운명을 초래했기 때문입니다. 우리는 데모크리토스가 너무 엄격하게 일을 수행했다고 추정하지 않아야 합니다. 내가 지금 증명하고자 하는 지식 이론을 깊이 이해하고 있는 어느 한 사람은 생각이 모자랐습니다. 데모크리토스는 원자 이론의 계통을 따라 낡은 오개념을 이어받아 쓸 수 있게 만들었고, 이 오개념은 오늘날에도 언어에 남아 영혼은 숨breath이라는 말로 단단히 고착되어 있는 것입니다. 원래 영혼을 나타내는 오래

된 단어들은 모두 공기air 혹은 숨을 의미했습니다. 프쉬케ψυχή, 프네우마πνεῦμα, 스피리투스spiritus, 아니마anima, 아트만athman(아트만은 산스크리트어이며, 오늘날에는 숨을 거두다expire, 생기를 불어넣다animate, 생기가 없는inanimate, 심리학psychology 같은 단어에 남아 있습니다). 아무튼 숨은 공기이고, 공기는 원자들로 이루어져 있으므로, 영혼은 원자들로 구성되어 있다는 얘기가 됩니다. 이것은 핵심적인 형이상학적 문제로 향하는, 용납할 수 있는 지름길입니다. 이 문제는 오늘날까지도 풀리지 않았습니다. 셰링턴의 『자기 본성에 기초한 인간』에 나오는 거장다운 논의를 보기 바랍니다.

이 문제의 결말은 참담합니다. 수세기에 걸쳐 사상가들을 괴롭혔고 약간 바뀐 형태로 오늘날에도 여전히 우리를 혼란스럽게 합니다. 원자와 빈 공간으로 구성된 세계 모형은 **이해 가능한 자연**이라는 기본 가정을 충족시킵니다. 모든 순간에 원자의 위치와 운동 상태가 다음 순간의 원자의 배치와 운동 상태를 결정한다면 말입니다. 그런 다음 어느 순간이든 도달한 상태는 필연적으로 다음 상태를 초래하고, 다음 상태는 다시 다음 상태를 일으키며… 이런 식으로 영원히 이어집니다. 전체 진행 과정은 시작할 때 엄격하게 결정됩니다. 그러니 우리는 우리 자신을 포함해 살아 있는 존재들의 거동을 해당 과정이 어떻게 아우르는지 알 수 없습니다. 우리는 우리 마음의 자유로운 결정으로 우리 몸의 움직임을 상당 정도 선택할 수 있음을 알고 있습니다. 그렇다면 이러한 마음 혹은 영혼 자체가 필연적인 방식으로 움직이는 똑같은 원자들로 구성되어 있다면, 윤리나 도덕적인 행위가 존재할 여지는 없을 것 같습니다. 우리는 매 순간 물리 법칙이 작동하는 방식대로 지금 하는 일을 해야만 합니다. 옳은지 그른지 심사숙고해봐야 무슨 소용이 있을까요? 자연법칙이 도덕률을 압도하고 완전히 헛되게 만든다면 도덕률을 위한 자리가 있을까요?

이 이율배반은 2300년 전에 그랬듯이 오늘날에도 해결되지 않습니다. 그래도 우리는 데모크리토스의 가정을 매우 신뢰할 수 있는 부분과 매우 터무니없는 부분으로 나누어 분석할 수 있습니다. 그는 다음의 내용을 인정했습니다.

(a) 살아 있는 몸 안의 **모든** 원자들의 움직임은 자연의 물리 법칙에 의해 결정되며,

(b) 그런 원자들 중 일부는 우리가 마음 혹은 영혼이라고 부르는 것을 구성하는 데 쓰인다.

데모크리토스가 (b)를 인정하든 말든 그의 가정은 이율배반을 포함하고 있으나 그럼에도 불구하고 그가 흔들림없이 (a)를 고수했다는 것을 나는 매우 높이 평가합니다. 사실 (a)를 인정하면 우리 몸의 움직임이 미리 결정되고, 우리가 마음을 무엇으로 생각하든, 몸을 마음대로 움

직인다고 하는 우리의 느낌을 설명할 수 없게 됩니다.

정말 모순되는 내용은 (b)입니다.

불행히도 데모크리토스의 후계자 에피쿠로스와 그의 제자들은, 이율배반을 대면할 만큼 인간의 정신이 그렇게 강하지 않음을 알고는, 훌륭한 가정 (a)를 버리고 모순된 실수 (b)에 매달렸습니다.

데모크리토스와 에피쿠로스 두 사람의 차이는, 데모크리토스는 여전히 겸손해서 자신이 아무것도 모른다는 의식이 있었던 반면, 에피쿠로스는 자신이 거의 모든 것을 안다고 깊이 확신했다는 점입니다.

에피쿠로스는 또 다른 터무니없는 말을 기존 체계에 추가했고 그의 추종자들은 성실하게 이를 따랐습니다. 이 추종자들에는 물론 루크레티우스 카루스도 포함됩니다. 에피쿠로스는 그야말로 순혈 감각주의자였습니다. 감각들이 결정적인 증거를 주는 경우, 우리는 이를 받아들여야 합니다. 그렇지 않은 경우, 우리는 우리가 보는 것을 설명하기 위해 합리적인 가설을 세울 수 있습니다. 불행히도 에피쿠로스는, 감각이 우리에게 명백하고 의심할 여지없는 증거를 주는 것에 태양과 달과 별들의 크기를 포함했습니다. 특별히 태양에 대해 (a) 태양은 테두리가 흐릿하지 않고 뚜렷하며, (b) 우리는 태양의 열기를 느낀다고 주장했습니다. 더 나아가 이렇게 주장합니다. 만약 커다란 지상의 불이 우리에게 충분히 가까이 있어서 그 윤곽을 분간할 수 있고 열기를 어느 정도 느낄 수 있다면, 우리는 이것의 실제 크기를 알아볼 수 있습니다. 즉 "우리는 대상의 실제 크기대로 그것을 본다!" 따라서 태양(그리고 달과 별들)은 우리 눈에 보이는 크기만큼 크다, 더 크지도 더 작지도 않다는 결론을 얻습니다.

물론 가장 말도 안 되는 이야기는, '우리 눈에 보이는 크기'라는 표현입니다. 이 내용을 다루는 현대의 철학자들조차도 이 의미 없는 표현이 아니라 에피쿠로스가 그렇다고 답했다는 사실에 놀랍니다. 에피쿠로스는 천체의 각 크기angular size와 광원의 실제 크기linear size를 구별하지 못했습니다. 에피쿠로스는 탈레스 이후 거의 3세기가 지난 시기에 아테네에 살았습니다. 탈레스는 오늘날 우리가 하는 것처럼 삼각측량으로 배들 간의 거리를 측정한 사람입니다.

여기서 에피쿠로스의 말을 액면 그대로 받아들여봅시다. 그의 말은 무엇을 의미할까요? 그렇다면 우리는 태양을 얼마만 한 크기로 보는 걸까요? 그리고 태양이 우리 눈에 보이는 것만큼 크다면 태양은 얼마나 멀리 떨어져 있을까요?

각 크기가 1/2도라고 해봅시다. 이로부터 쉽게 알 수 있는 것은, 만약 태양이 우리로부터 10킬로미터 떨어져 있다면 그 지름은 약 1/10킬로미터 또는 약 100미터가 되어야 합니다. 태양을 보고 성당만 하다고 느낄 사람은 없을 것입니다. 그러나 10배 혹은 15배 더 큰 크기, 즉 지름이 1.5킬로미터이고 거리가 150킬로미터 떨어져 있는 경우를 생각해봅시다. 아침에 아테네에서 동쪽 지평선 방향으로 태양을 본다면 실제로 태양은 소아시아 해안에서 떠오른다는 소리입니다.

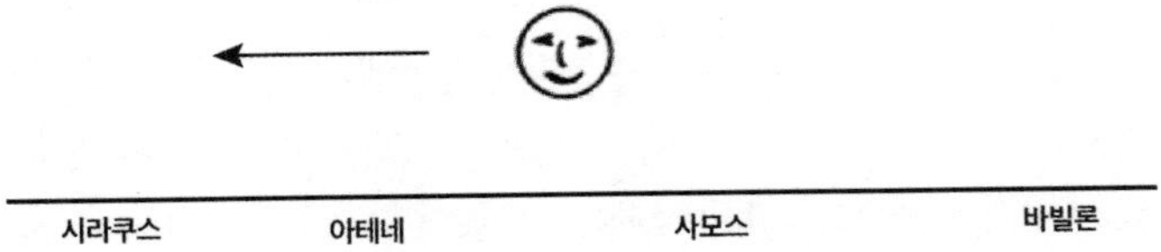

에피쿠로스는 태양이 지중해를 가로질러 간다고 생각했을까요? 그가 각 크기를 몰랐다면 충분히 가능한 이야기입니다.

어쨌든 내 생각에 이것은, 데모크리토스 이후 물리학은 과학에 진지한 관심은 없고 철학자로서 강한 영향력을 행사해 과학을 망가뜨린 철학자들에 의해 빛이 바랬음을 보여줍니다. 알렉산드리아 등지에서 이루어졌던 분야별로 전문화된 빛나는 업적에도 불구하고 말입니다. 이러한 업적은 대다수 일반인뿐 아니라 키케로, 세네카 혹은 플루타르코스 같은 사람들의 태도에도 거의 영향력을 미치지 못했습니다.

이 장의 초반에, 내가 단순한 역사적 관심사 이상의 중요성을 가진다고 말했던 역사적인 질문들로 이제 돌아가겠습니다. 여기서 우리는 생각의 역사에서 가장 매력적인 사례들 중 하나를 마주합니다. 놀라운 점은 바로 이것입니다. 원자론을 근대과학에 도입한 가상디와 데카르트의 삶과 글을 보면, 우리는 실제 역사적 사실을 알 수 있습니다. 그들은 원자론을 도입하면서, 자신들이 열심히 공부했던 고대 철학자들의 이론을 (스스로) 이어받고 있다는 것을 확실히 알고 있었습니다. 더 중요한 점은, 고대 이론의 모든 기본 특성들이 대단히 강화되고 폭넓게 정교해져서, 그러나 변하지 않은 채 오늘날에 이르기까지 현대 이론에 살아 있다는 것입니다. 특정 분야 전문가의 근시안적인 시각이 아니라 자연철학자의 기준을 적용한다면 그렇습니다. 반면, 그런 기본 특성들의 타당성을 지지하기 위해 현대 물리학자가 제시하는 폭넓은 실험적 증거 가운데 단 한 조각도 데모크리토스나 가상디는 알지 못했음을 우리는 압니다.

이런 일이 생길 때는 두 가지 가능성을 생각해봐야 합니다. 첫째는 초기 철학자들이 운 좋게도 나중에 옳다고 밝혀지는 추측을 했을 가능성입니다. 둘째는 문제가 되고 있는 사고 패턴이 현대 사상가들이 믿는 것처럼 최근에 밝혀진 증거뿐만이 아니라, 예전에 알려진 훨씬 더 단순한 사실들의 조합 그리고 인간 지성의 선험적인 구조 혹은 적어도 자연적인 성향에 기초를 두고 있다는 것입니다. 만약 둘째 선택지의 가능성이 증명될 수 있다면, 이는 무엇보다 중요할 것입니다. 물론 둘째 가능성이 확실하다고 하더라도 그런 생각—여기서는 원자론—을 우리 정신이 만들어낸 단순한 허구로 치부하고 내다버릴 필요는 없습니다. 그러나 이 둘째 가능성을 통해 우리의 사고가 만들어내는 상의 기원과 성질을 더 깊이 이해할 수 있을 것입니다. 이와 같이 생각하면 다음과 같은 질문을 던지게 됩니다. 고대 철학자들이 어떻게 불변하는 원자와 빈 공간이라는 개념을 갖게 되었을까요?

내가 아는 한 우리를 이끌어줄 현존하는 증거는 없습니다. 오늘날 우리가 자신이나 다른 사람의 과학적 신념에 대해 이야기한다면, 왜 그러한 신념을 가지거나 가졌는지도 반드시 덧붙여야 한다고 느낄 것입니다. 누군가 아무 동기도 없이 자신이 이런저런 믿음을 가지고 있다고 해봐야 우리는 아무런 흥미도 느끼지 않을 것입니다. 이는 고대에는 그렇게 흔한 일이 아니었습니다. 특히 소위 '고대 철학 주석가들'(독소그라포이doxographoi)은 대개 '데모크리토스는 …라는 생각을 가지고 있었다'라는 식으로 관련 내용을 전합니다. 그러나 현재 우리의 맥락에서, 데모크리토스 자신이 그의 통찰을 지성의 탄생으로 간주했다는 것에 주목해야 합니다. 이것은 단편 125에 나오는데, 아래에 자세히 기술했습니다. 또한 (단편 11에서) 지식을 얻는 두 가지 수단, 즉 진정한 방법(the genuine)과 혼미한 방법(the dark)의 차이도 서술되어 있습니다. 후자는 감각들입니다. 감각은 공간의 작은 영역으로 뚫고 들어가려고 할 때 우리를 실망시킵니다. 정교한 사고 기관에 기반하여 지식을 얻는 진짜 방법이 도움이 됩니다. 남아 있는 단편들에서 명백히 언급되어 있지는 않지만, 공간의 작은 영역이란 무엇보다 원자론을 말하는 것임은 명백합니다.

그렇다면 그의 정교한 사고 기관이 어떤 길로 안내했기에 원자 개념을 만들어낸 것일까요?

데모크리토스는 기하학에 열정적으로 관심을 기울였습니다. 플라톤처럼 단순한 지지자가 아니었습니다. 그는 탁월한 기하학자였습니다. 피라미드나 원뿔의 부피가 밑면과 높이의 곱의 **3분의 1**이라는 정리도 그가 만들었습니다. 미적분법을 아는 사람에게는 평범해 보이겠지만, 내가 만나본 바로는 훌륭한 수학자들도 학교 다닐 때 배웠던 기본적인 증명법을 쉽게 기억해내지 못했습니다. 데모크리토스는 적어도 한 단계에서 미적분법을 대신할 만한 것을 사용하지 않고서는 자신이 내놓은 정리에 도달하지 못했을 것입니다(오스트리아의 학생들은 카발리에리의 원리를 사용합니다). 데모크리토스는 **극소량**의 의미와 그것이 파생하는 어려움들을 깊이 이해하고 있었습니다. 이것은 그가 틀림없이 증명 방법을 생각하면서 깨달았을 한 가지 흥미로운 역설에 의해 증명됩니다. 원뿔을 밑면에 평행하게 두 개로 잘라봅시다. 두 부분(위쪽은 더 작아진 원뿔, 아래쪽은 원뿔의 밑동)으로 잘려서 만들어진 두 원은 같을까요 다를까요? 만약 이 두 단면의 넓이가 다르다면, 이는 모든 단면에 대해서도 달라야 하므로, 원뿔 표면(단면이 아니라)에서 올라가는 쪽(위로 향하는 쪽)은 매끄럽지 않고 안쪽으로 조금 들어가게 될 것입니다. 만약 두 평면의 넓이가 같다면, 동일한 이유로, 모든 평행하는 단면들이 같을 것이므로 원뿔은 원기둥이 되지 않을까요?

이를 통해 그리고 전해지는 두 편의 글의 **제목**('원과 구의 접촉에 관하여 또는 견해의 차이에 관하여', '무리수 직선과 입체에 관하여')을 통해, 데모크리토스가 한편으로는 (가령 피라미드나 사각형 면이나 원호 등처럼) 속성이 잘 정의된 입체나 면이나 선의 기하학적 개념들과, 다른 한편으로는 이 개념들이 실제 물체를 통해 또는 실제 물체에서 다소 불완전하게 구현된 것을 구별할 수 있었으리라 짐작합니다. (한 세기 후 플라톤은 앞의 범주를 '형상'에 속하는 것으로 이해했습니다. 더 정확하게 말하면 그것을 형상의 원형으로 여겼습니다. 이처럼 물체와 형이상학이 뒤섞여 있었습니다.)

이제 이것을, 데모크리토스가 이오니아학파 철학자들의 견해를 알았을 뿐만 아니라 그들의 전통을 이어갔다고 말할 수 있으며, 나아가 이오니아학파의 마지막 철학자인 아낙시메네스의 견해는 4장에서 논의한 바와 같이, 오늘날 우리의 관점과 완전히 일치한다는 사실과 연결시켜봅시다. 아낙시메네스는 물질에서 관찰되는 모든 순간적인 변화들은 겉보기에만 그러하며 실제로는 희박함과 조밀함 때문에 일어난다고 주장했습니다. 그러나 실제로 물질이 아무리 작더라도 그 하나하나가 희박해지거나 조밀해졌는데도 물질 자체는 변하지 않은 채로 남아 있다고 말할 수 있을까요? **기하학자** 데모크리토스는 이 "아무리 작더라도"라는 말을 잘 이해했습니다. 확실한 해결 방법은 실제의 물체가 셀 수 없이 많은 작은 물체로 구성되어 있다고 보는 것입니다. 작은 물체들은 항상 변하지 않는 상태로 유지되지만, 이들이 서로에게서 멀어지면 희박해지고, 작은 부피 안에 더 가깝게 모여 있으면 조밀해집니다. 이들이 일정 한도 내에서 희박해지거나 조밀해지려면, 작은 물체들 사이의 공간이 비어 있어야 한다는, 다시 말해 아무것도 없어야 한다는 조건이 필요합니다. 동시에 기하학적 개념에서 나타나는 역설과 난제를 불완전한 물리적 구현으로 바꿔치기 하면 순수하게 기하학적인 서술의 온전함을 살릴 수 있습니다. 실제 원뿔의 표면은 (또는 그 문제에 관하여 실제 어떤 물체의 표면도) 사실 매끄럽지 않습니다. 왜냐하면 표면은 원자의 맨 바깥층으로 작은 구멍들이 나 있고, 구멍들 사이에는 튀어나온 부분들이 있기 때문입니다. 실제 평면 위에 놓인 실제 구가 그 평면 위의 한 점에서 만나는 것이 아니라, 평면에 '닿는' 작은 면적 전체와 만난다는 것은 프로타고라스의 공적이기도 합니다. 그는 이런 종류의 난제들을 탐구했습니다. 이 모든 것이 순수한 기하학의 엄밀성을 방해하지는 않을 것입니다. 이것이 데모크리토스의 관점이라는 것은 심플리키우스의 말에서 추론할 수 있습니다. 심플리키우스가 전하는 말에 따르면, 데모크리토스가 말하는 물리적으로 더 이상 나누어질 수 없는 원자들은 수학적 의미로는 끝도 없이ad infinitum 나누어질 수 있습니다.

지난 50년 동안 우리는, '불연속적인 입자가 실재한다'는 증거들을 실험으로 얻었습니다. 여기서 간단히 요약하기도 어렵고, 19세기 말 원자론자들이 그들의 제약 없는 꿈에서도 기대하지 못했던, 매우 흥미로운 관측 결과들이 광범위하게 보고되었습니다. 윌슨의 안개상자와 사진 유화액에 기록된 단일 기본 입자들의 선형 궤적을 우리 눈으로 직접 볼 수 있습니다. 우리에게는 기구(가이거 계수기)가 있습니다. 이것은 기구 안으로 들어오는 단일 우주선 입자에 대해 딸깍하는 소리를 내며 반응합니다. 게다가 후자(가이거 계수기)는 딸깍할 때마다 일반적인 상업용 전기 계량기의 숫자가 하나씩 올라가도록 고안되어 있어서, 주어진 시간 내에 도달하는 입자의 개수를 셀 수 있습니다. 여러 가지 방법으로 다양한 조건에서 측정된 그런 숫자는 서로 완전히 일치할 뿐만 아니라 이런 직접 증거들을 사용하기 오래전에 개발된 원자 이론에도 잘 들어맞습니다. 데모크리토스에서부터 돌턴, 맥스웰과 볼츠만 같은 위대한 원자론자들이라면 그들의 믿음을 입증하는 이런 뚜렷한 증거들 앞에서 황홀했을 것입니다.

그러나 동시에 현대 원자 이론은 위기에 빠졌습니다. 단순한 입자 이론이 너무 순진하다는 것은 의심의 여지가 없습니다. 우리가 앞에서 살펴본 원자론의 기원에 따르면 이러한 사실은 전혀 놀랍지 않습니다. 이 이론이 옳다면, 원자론은 수학적인 연속성이 낳는 어려움을 극복하기 위한 방편으로 고안되었을 것입니다. 앞에서 보았듯이, 수학적인 연속성이 낳는 어려움은 데모크리토스도 완전히 알고 있었습니다. 그에게 원자론은 물리학의 실제 물체와 순수 수학의 이상화된 기하학적 도형 사이의 심연을 메워 그 둘을 연결해주는 수단이었습니다. 그러나 데모크리토스에게만 그런 것은 아니었습니다. 원자론은 긴 역사를 거치면서 어느 정도는 이 임무, 즉 감각으로 지각할 수 있는 물체를 사고할 수 있게 하는 일을 수행해 왔습니다. 한 조각의 물질이 우리의 사고 속에서 셀 수 없이 많은, 그러나 유한한 수의 구성 성분으로 분해됩니다. 우리는 머릿속으로 해당 구성 성분들을 **셀** 수 있지만, 직선 1센티미터를 이루는 점들이 몇 개인지는 알 수 없습니다. 주어진 시간 안에 주고받는 상호작용이 몇 개인지 머릿속으로는 **셀** 수 있습니다. 수소와 염소가 결합해 염산을 만들 때, 우리는 두 종류의 원자들로 짝을 짓고 각 쌍이 새로운 작은 물체, 즉 분자 화합물을 구성하는 것을 생각할 수 있습니다. 이런 계산, 이런 짝짓기, 이런 모든 사고방식은 가장 중요한 물리학 이론들을 발견하는 데 탁월한 역할을 수행해 왔습니다. 물질이 연속적이고 구조가 없는 젤리 같은 것이라는 관점으로는 이렇게 사고할 수 없을 것입니다. 원자론이 대단히 생산적인 이론임은 증명되어 왔습니다. 그러나 원자론을 생각하면 생각할수록, 원자론이 어느 정도까지 **참된** 이론인지 의문이 드는 것을 피할 수 없습니다. 원자론은 정말로 '우리를 둘러싼 실재 세계'의 실제로 객체적인 구조에만 기초를 두고 있을까요? 원자론은 중요한 방식으로 인간 사고의 본성, 즉 칸트가 '선험적a priori'이라고 부른 것에 의해 조건 지워져 있지 않을까요? 나도 그렇게 믿는데, 원자론은 개별적인 단일 입자들이 존재한다는, 손에 잡히는 증거를 향해 우리 마음을 완전히 열고 있기를 요구합니다. 이런 풍부한 지식을 우리에게 제공한 천재 실험가들에게 보내는 깊은 존경심에는 어떤 손상도 입히지 않은 채. 실험가들은 하루하루 지식을 늘려감으로써 원자론에 대한 우리의 이론적인 이해가, 감히 말하건대, 거의 동일한 속도로 감소해 가고 있다는 슬픈 사실을 확인시키는 데 도움을 주고 있습니다.

나에게 가장 인상적이었던 데모크리토스의 불가지론적이고 회의론적인 글 몇 편을 언급함으로써 이 장을 마무리하겠습니다. 시릴 베일리Cyril Bailey의 번역을 따랐음을 밝힙니다.

인간은 자신이 진리로부터 아주 동떨어져 있다는 이 원

리를 배워야만 한다. (데모크리토스 단편 6)

우리는 어떤 것에 대해서도 참되게 알 수 없다. 그러나 우리들 각자에게 자신의 의견은 하나의 유입이다. (예를 들어, 외부로부터 '우상idols'[22]이 밀려 들어와서 전달되는 것이다.) (데모크리토스 단편 7)

개별 사물이 진정으로 무엇인지 알 수 있는가, 이는 불확실한 문제이다. (데모크리토스 단편 8)

진실로 우리가 정확히 알 수 있는 것은 없다. 그러나 우리 몸의 상태와, 우리 몸속으로 들어와 영향을 주는 것들의 상태에 따라 변하는 것들을 알 수 있을 뿐이다. (데모크리토스 단편 9)

우리는 무엇도 참되게 알 수 없다. 왜냐하면 진리는 깊은 곳에 숨겨져 있기 때문이다. (데모크리토스 단편 117)

그리고 이제 지성과 감각이 나누는 그 유명한 대화가 나옵니다.

(지성:) 단맛은 관습에 의한 것이고, 쓴맛도 관습에 의한 것이다. 뜨거움도 관습에 의한 것이고 차가움도 관습에 의한 것이고 색깔도 관습에 의한 것이다. 진리인 것은 원자들과 빈 공간뿐이다.

(감각:) 가련한 정신이여, 너는 우리에게서 가져간 증거

22 그리스어로는 에이돌론εἴδωλον이며 '그림'이라는 뜻이다.

들로 우리를 이기려 하느냐? 너의 승리는 너의 패배다.
(데모크리토스 단편 125)

7장 / 과학적 세계관의 특수성

이제 드디어, 처음에 제시했던 질문에 대한 답으로 다가가보겠습니다. 버넷이 서문에 썼던 말을 기억해봅시다. "**과학**은 그리스인들의 발명품이다." 과학은 그리스인들의 영향을 받은 사람들을 벗어나서 존재했던 적이 없습니다. 같은 책 뒷부분에서 버넷은 이렇게 말합니다. "탈레스는 밀레토스학파의 창시자이며 그렇기 때문에(!) 최초의 과학자다."[23] 곰페르츠(나는 그를 아주 많이 인용했습니다)는 우리의 현대적인 사고방식 전체가 그리스인들의 사고에 기반한다고 말합니다. 따라서 그리스인들의 사고는 특별하고, 수세기에 걸쳐 역사적으로 자라왔으며, 보편적인 것이 **아니라** 오로지 자연에 대한 사고방식으로 가능한 것입니다. 그는 우리가 이러한 사실을 알아차리고, 거의 저항할 수 없는 마법에서 우리를 자유롭게 하는 특수성에 대해 인식하는 것을 중요하게 여깁니다.

그렇다면 그런 특수성은 무엇일까요? 우리의 과학적 세계상의 고유하고 특별한 성격은 무엇일까요?

23 *Early Greek Philosophy*, p.40.

이러한 근본 특성들 중 하나에 대해서는 의문을 품을 여지가 전혀 없습니다. 그것은 **자연이 드러내는 것을 이해할 수 있다**는 가정입니다. 나는 이 점을 반복적으로 건드렸습니다. 이는 영적이거나 미신적이거나 마법적이지 않은 세계관입니다. 이 가설에 대해 훨씬 더 많이 얘기할 수 있습니다. 이러한 맥락에서 다음 질문들을 논의해야 하겠군요. 이해할 수 있다는 것은 실제로 무엇을 의미할까요? 그리고 의미가 있다면, 어떤 의미에서 과학이 설명을 해준다는 것일까요? 인과관계는 직접 관찰될 수 없고 단지 규칙적으로 나타나는 연속일 뿐입니다. 이 위대한 발견을 해낸 철학자는 데이비드 흄(1711~76)입니다. 이러한 근본적인 인식론적 발견을 이어받아, 구스타프 키르히호프(1824~87)와 에른스트 마흐(1838~1916) 같은 위대한 물리학자들은 자연과학이 무엇에 대해 어떠한 설명도 제공해주지 않으므로, 오로지 관찰된 사실들에 대한 완전하고 경제적인(마흐) 설명을 목표로 삼을 뿐이라고 주장했습니다. 이 관점은, 철학적 실증주의라는 더 정교한 형태로, 현대 물리학자들에 의해 열정적으로 받아들여졌습니다. 이 관점은 매우 일관성이 있어, 유아론唯我論, solipsism의 경우처럼 반박하기가 불가능에 가까울 정도로 어려운데, 하지만 유아론보다는 훨씬 더 합리적입니다. 실증주의자들의 관점이 표면적으로는 '자연의 이해 가능성'과 상반되는 듯하지만 옛날의 미신적이고 마법적인 세계관으로 회귀

하는 것은 전혀 아닙니다. 오히려 정반대입니다. 실증주의는 힘이라는 개념, 즉 이 과학 안에 들어 있는 애니미즘의 가장 위험한 유물을 물리학에서 쫓아냅니다. 실증주의는 과학자들의 성급함을 막는 유익한 해독제입니다. 과학자들은 현상을 설명해주는 사실들을 그저 파악한 데 불과할 뿐일 때에도 성급하게 현상을 이해했다고 믿으려 합니다. 그러나 실증주의적 관점으로 보더라도, 과학으로 [세계를] 이해할 수 없다고 선언해서는 안 됩니다. 왜냐하면 (실증주의자들이 주장하는 것처럼) 원칙적으로 우리가 사실들을 관찰하고 기록한 뒤 이를 편리한 기호로 늘어놓을 뿐이라는 것이 사실이라 하더라도, 다양하고 광범위한 지식의 영역에서 우리가 발견한 것 사이에, 그리고 다시 발견한 것과 가장 근본적이고 일반적인 개념들(자연수 1, 2, 3, 4, ...) 사이에 사실적 관계가 있습니다. 이런 관계는 너무나 놀랍고 흥미롭기 때문에 우리가 궁극적으로 그것들을 파악하고 기록할 경우 '이해'라는 용어가 매우 적절해 보입니다. 나에게 가장 두드러져 보이는 예는 열에 대한 역학적 이론입니다. 이는 순수한 수로 환원됩니다. 마찬가지로 나는 다윈의 진화론도 우리가 진정한 통찰을 얻은 한 예라고 봅니다. 멘델과 더프리스Hugo de Vries의 발견에 기반한 유전학에 대해서도 동일하게 말할 수 있습니다. 반면 물리학에서 양자이론은 전망이 좋아 보이기는 하지만, 완전히 이해할 가능성은 아직 보이지 않습니다. 양자역학이 여러 방면에서, 심지어 유전학과 생물학에서도 일반적으로 성공적이고 유용하지만 말입니다.

훨씬 덜 분명하고 겉으로 잘 드러나지 않는, 그러나 마찬가지로 근본적으로 중요한 둘째 특징이 있다고 나는 믿습니다. 바로 과학이 자연을 기술하고 이해하려고 시도함에 있어서 이 아주 어려운 문제를 단순화한다는 것입니다. 과학자는 거의 무심코, 구성되고 있는 그림에서 자기 자신과 자신의 인격과 인식 주체를 무시하고 잘라냄으로써 자연을 이해하고자 하는 자신의 문제를 단순화합니다.

거의 인지하지 못한 채로 생각하는 자는 뒤로 물러나 외부 관찰자 노릇을 합니다. 이렇게 하면 일이 훨씬 수월해집니다. 그러나 이로써 처음에 주체를 버린 것은 알지 못한 채, 그림에서 자기 자신을 찾아내 자신과 자기 자신의 생각과 지각하는 마음을 그림에 다시 채워 넣으려고 애쓸 때마다 간극과 허점이 생기고, 모순과 이율배반으로 끌려갑니다.

이러한 중대한 걸음—자신을 잘라내고, 전체적인 실천과는 아무 관련이 없는 관찰자의 위치로 가는 뒷걸음—은 다른 이름들을 얻어 왔습니다. 이 이름들은 그처럼 중대한 걸음을 매우 무해하고 자연스러우며 불가피한 것으로 보이게 만들었습니다. 이를 단순히 대상화라고도 할 수 있을 텐데, 세계를 하나의 대상으로 보는 것입니다. 이렇게 하는 순간, 당신은 거의 당신 자신을 배제하게 됩니다. '우리 주변의 실재 세계에 대한 가설Hypothese der realen Aussenwelt'이라는 표현이 종종 사용됩니다. 맙소사, 오직 어리석은 사람만이 이것을 포기할 것입니다. 그렇습니다, 오직 어리석은 사람만이. 그것이 한 가지 분명한 특성, 우리가 자연을 이해하는 방식의 한 가지 분명한 특징이기는 하지만, 거기에는 대가가 따릅니다.

내가 고대 그리스의 저작물에서 발견할 수 있었던 이 개념이 남긴 가장 분명한 흔적은, 조금 전까지 우리가 논의하고 분석했던 헤라클레이토스의 단편들입니다. 우리가 구성하고 있는 것은 바로 이 '공통된 세계', 즉 헤라클레이토스의 크쉬논ξυνόν 또는 코이논κοινόν입니다. 우리는 하나의 객체로서 세계를 실체화하고 있으며, 우리 주변의 실재 세계(가장 흔한 문구로서)가 우리의 여러 의식을 이루는 부분들이 겹쳐서 만들어진다는 가정을 세우고 있습니다. 그렇게 하는 가운데 싫든 좋든 자기 자신을, 즉 "나는 생각하기 때문에 존재한다cogito ergo sum"라고 말하는 인식의 주체를 세계 밖으로 빼내고, 이렇게 빼낸 자신을 외부 관찰자의 위치에 둡니다. 관찰자 자신은 그런 당사자에 속하지 않습니다. 1인칭에 쓰이는 'sum'이 3인칭에 쓰이는 'est'가 됩니다.

정말 그럴까요? 그래야만 할까요? 왜 그럴까요? 우리는 그것을 알지 못합니다. 나는 지금 우리가 그것을 알지 못하는 이유를 말하려고 합니다. 먼저 왜 그런지부터 얘기하겠습니다.

자, '우리 주변의 실재 세계'와 '우리 자신', 즉 우리 마음을 구성하는 물질은 동일합니다. 이 둘은 이를테면 동일한 벽돌로 구성되어 있으며, 단지 다른 방식—감각 지각, 기억 이미지, 상상, 생각—으로 배열되어 있을 뿐입니다. 물론 어떤 성찰이 필요하지만, 우리는 물질이 오로지 그런 요소들로만 구성되어 있다는 사실을 쉽게 받아들입니다. 게다가 상상과 생각은 (가공되지 않은 감각 지각과는 대조적으로) 과학, 즉 자연에 대한 지식이 진보함에 따라 점점 더 중요한 역할을 담당합니다

상황은 다음과 같습니다. 우리는 이것—나는 그것을 **요소**elements라 부르겠습니다—을 마음, 즉 우리 각자의 마음을 구성하는 것으로 생각할 수도 있고, 혹은 물질세계를 구성하는 것으로 생각할 수도 있습니다. 그러나 우리는 이 두 가지를 동시에 생각할 수 없거나, 동시에 생각하려면 아주 많이 애를 써야만 할 것입니다. 마음-측면에서 물질-측면으로 가거나 그 반대 방향으로 가려면, 우리는 이를테면 요소들을 낱낱이 분리했다가, 완전히 다른 방식으로 다시 합해야 합니다. 예를 들어—예를 들기가 쉽지는 않지만 시도해보겠습니다—지금 이 순간 내 마음은 내가 감각하는 주변 모든 것에 의해 구성됩니다. 나 자신의 몸, 내 앞에 앉아 매우 진심 어린 태도로 내 얘기를 듣고 있는 여러분, 내 앞에 놓여 있는 메모장 그리고 무엇보

다 여러분에게 내가 설명하려고 하는 생각, 단어에 그런 생각들을 적당히 짜 넣는 일 등입니다. 그러나 지금 우리 주변의 물질적인 개체들 중에서 하나, 예를 들어 내 팔이나 손을 상상해봅시다. 물질 개체로서 손이나 팔은 나 자신의 직접 지각뿐만 아니라 내가 이것을 돌리거나 움직였을 때 그리고 내가 다양한 각도에서 이것을 볼 때 얻게 될 상상된 지각으로도 구성되어 있습니다. 게다가 그런 개체는 여러분이 가지리라고 내가 상상하는 지각으로도 구성되며, 여러분이 개체를 순수하게 과학적으로 생각해서, 개체의 본질적인 특성과 조성을 확신하기 위해 손에 넣어 분석할 경우, 여러분이 입증할 수 있고 실제로 발견하리라고 내가 상상하는 지각으로도 구성되어 있습니다. 이런 식으로 계속 갑니다. 내 쪽과 여러분 쪽에 주어지는 이런 잠재 지각과 감각을 모두 늘어놓자면 한도 끝도 없습니다. 이런 지각과 감각은, 이 팔을 '우리 주변의 실재 세계'의 객체적인 특징이라고 내가 말하는 것에 포함되어 있습니다.

이어 소개할 직접 비유는 아주 좋지는 않지만, 내가 생각할 수 있는 최선입니다. 한 아이가 여러 가지 크기와 모양과 색깔로 된 정교한 장난감 블록 한 상자를 받았다고 합시다. 이 블록으로 집이나 탑, 혹은 교회나 중국의 장성 같은 것을 만들 수 있습니다. 그러나 이 블록으로 동시에 두 가지를 만들 수는 없습니다. 왜냐하면, 적어도 부분적으로는 동일한 블록들이 각각의 경우에 모두 필요하기 때문입니다.

주변의 실재 세계를 내가 구성할 때, 내가 실제로 내 마음을 배제하는 것이 사실이라고 믿는 이유가 이것입니다. 그리고 나는 내가 배제되고 있다는 사실을 알지 못합니다. 그리고 내 주변의 실제 세계에 대한 과학적인 상이 매우 불완전하다는 사실에 크게 놀랍니다. 그것(과학적 상)은 사실적인 정보를 많이 제공하고, 참으로 일관된 질서에 우리의 모든 경험을 집어넣지만, 우리 심장 가까이에 실제로 존재하는, 우리에게 정말로 중요한 온갖 잡다한 것에는 무시무시한 침묵을 고수합니다. 그것(과학적 상)은 빨강과 파랑, 쓴맛과 단맛, 육체적인 고통과 육체적인 기쁨에 대해서는 한마디도 하지 못합니다. 또한 아름다움과 추함, 선함이나 악함, 신과 영원에 대해서 아무것도 모르지요. 과학은 때때로 이런 영역의 질문에 답을 할 수 있는 척하지만, 자주 너무나 어리석은 답을 내놓아 우리는 좀처럼 진지하게 받아들이지 않게 됩니다.

요컨대 우리는 과학이 우리를 위해 구성하는 이런 물질세계에 속해 있지 않습니다. 우리는 그 세계 속에 있지 않고 밖에 있습니다. 우리는 그저 구경꾼입니다. 우리가 물질세계 안에 있고 그 그림(상)에 속해 있다고 믿는 이유는, 우리의 몸이 그림 안에 있기 때문입니다. 우리의 몸은 그 세계에 속해 있습니다. 우리 자신의 몸뿐 아니라, 내 친구들의 몸도, 내 개와 고양이와 말의 몸도, 그리고 다른 모든 사람들과 동물들의 몸도 마찬가지입니다. 그리고 이것이 나로서는 그들과 소통할 수 있는 유일한 수단입니다.

게다가 물질세계에서 벌어지는 (운동 등과 같은) 더 흥미로운 수많은 변화 속에, 부분적으로는 이렇게 벌어지는 일들의 저자author가 나 자신이라고 느끼는 그런 방식 안에 내 몸이 내포되어 있습니다. 그런 다음에는 막다른 길에 이르게 됩니다. 다름 아닌 매우 당혹스러운 과학의 발견입니다. 여기서 나는 저자가 될 필요가 없다는 사실입니다. 과학적인 세계상 안에서 이렇게 벌어지는 모든 현상들은 스스로 개진되며, 이는 직접적인 강력한 상호 활동으로 충분히 설명되고 있습니다. 인간 몸의 움직임조차 셰링턴이 말했듯이 '그 자신의 것'입니다. 과학적 세계상은 일어나는 모든 일에 대해 매우 완벽한 이해를 보장해 줍니다. 과학적 세계상은 일어나는 일들을 지나치게 이해 가능한 것으로 만듭니다. 과학적 세계상은 우리로 하여금 벌어지는 모든 일들을 일종의 기계적인 시계 장치로 상상하게 만들죠. 이런 장치는 과학이 아는 모든 것에 대해 마찬가지 방식으로 계속 가동될 것이며, 이 장치와 연결되는 의식, 의지, 노력, 고통과 기쁨과, 책임 따위는 없습니다. 실제로는 이런 것이 있는데도 말입니다. 이러한 당황스러운 상황이 벌어지는 이유는 외부 세계에 대한 상을 구성하려고 우리가 자신의 인격을 도려내고 제거하여 매우 단순화하는 장치를 사용했기 때문입니다. 그래서 그것(인격)은 사라져버렸고, 증발해버렸고, 불필요해 보이게 되었습니다.

특히 그리고 가장 중요한 문제인데, 과학적 세계관이 윤리적 가치도, 미학적 가치도, 우리 자신의 궁극적인 능력이나 목적도, 그리고 미안하지만 신도 포함하지 못하는 이유가 바로 이것 때문입니다. 즉 세계상에서 인성을 제거하기 때문입니다. 나는 어디에서 와서 어디로 가는 걸까요?

음악이 왜 우리를 기쁘게 하고, 오래된 노래가 왜, 어떻게 우리를 감동시켜 눈물을 흘리게 만드는지 과학은 단 한마디도 말해줄 수 없습니다.

음악의 경우에 원론적으로는 과학이 상세히 설명해줄 수 있다고 우리는 믿습니다. 압축하고 팽창하는 파동이 우리 귀에 닿는 순간부터 어떤 분비선이 우리 눈에서 나오는 소금기 있는 액체를 분비하게 되는 순간까지, 우리의 감각기관과 '운동기관'에서 일어나는 모든 일들을 말입니다. 그러나 이런 과정을 동반하는 기쁨과 슬픔의 느낌에 대해 과학은 완전히 무지하며, 따라서 입을 다물게 됩니다.

과학은 위대한 하나(일자)the great Unity, 즉 어쨌든 우리 모두가 그것을 구성하는 일부이고 우리가 속해 있는 하나(일자)에 대한 질문—파르메니데스의 질문—에 대해서도 별로 말하지 않습니다. 우리 시대에 그것을 칭하는 가장 대중적인 이름은 신—대문자를 쓰는 God—입니다. 과학은, 아주 일반적으로, 무신론적이라는 낙인이 찍혀 있습니다. 말을 해놓고 봐도 놀랍지 않습니다. 만약 과학이 보는 세계상이 파랑, 노랑, 쓴맛, 단맛, 아름다움, 기쁨, 슬픔조차 포함하지 않는다면, 만약 인격이 모종의 합의를 거쳐 과학에서 제거된다면, 과학이 인간 정신에 선사하는 가장 숭고한 개념을 어떻게 포함할 수 있을까요?

세계는 크고 위대하고 아름답습니다. 여기서 일어나는 사건들에 대한 나의 과학 지식은 수억 년 세월을 거친 것입니다. 그러나 다른 방식으로는, 나의 과학 지식은 표면적으로 나에게 주어진 겨우 70년 혹은 80년 혹은 90년 안에 들어 있습니다. 측정할 수 없는 시간, 아니 내가 측정하고 가늠하는 법을 배웠던 수백만 년, 수십억 년 안에 놓인 작은 점입니다. 나는 어디에서 와서 어디로 가는가? 이것은 우리들 누구에게나 가장 위대한 불가해한 질문입니다. 하지만 과학은 이 질문에 대한 답을 가지고 있지 않습니다. 그러나 과학은 안전하고 이론의 여지가 없는 지식이라는 수단으로 내놓을 수 있는 최고 수준의 답을 제공합니다.

그러나 인류라 부를 수 있는 형태의 우리 생명은 단지 50만 년 정도 지속되어 왔습니다. 우리가 알고 있는 모든 것을 미루어 기대해보건대 이 특정한 천체 위에서나마 앞으로 수백만 년을 맞이하겠지요. 그리고 이 모든 것을 통해 이 시간 동안 우리가 하는 모든 생각이 헛되지는 않을 것이라고 느낍니다.

참고문헌

BAILEY, CYRIL. *The Greek Atomists and Epicurus*. Oxford University Press, 1928.

—— *Epicurus*. Oxford University Press, 1926(extant texts with translation and commentary).

—— *Translation of Lucretius' De rerum natura*(with introduction and notes). Oxford University Press, 1936.

BURNET, JOHN. *Early Greek Philosophy*. London: A. and C Black, 1930(4th ed.).

—— *Greek Philosophy, Thales to Plato*, London: Macmillan and Co., 1932.

DIELS, HERMANN. *Die Fragmente der Vorsokratiker*. Berlin: Weidmann, 1903(1st ed.).

FARRINGTON, BENJAMIN. *Science and Politics in the Ancient World*. London: Allen and Unwin, 1939.

—— *Greek Science*, I (Thales to Aristotle); II (Theophrastus to Galen). Pelican.

GOMPERZ, THEODOR. *Griechische Denker*. Leipzig: Veit and Comp., 1911.

HEATH, SIR THOMAS L. *Greek Astronomy*. London: J. M. Dent and Sons, 1932.

—— *A Manual of Greek Mathematics*. Oxford University Press, 1931.

HEIBERG, J. L. *Mathematics and Physical Science in Classical Antiquity*. Oxford University Press, 1922.

MACH, ERNST. *Populärwissenschaftliche Vorlesungen*. Leipzig: J. A. Barth, 1903.

MUNRO, H. A. *Titus Lucretius Carus, De rerum natura*. Cambridge, Deighton, Bell and Co., 1889.

RUSSELL, BERTRAND. *History of Western Philosophy*. London: Allen and Unwin, 1946.

SCHRÖDINGER, E. 'Die Besonderheit des Weltbilds der Naturwissenschaft'. *Acta Physica Austriaca* 1, 201, 1948.

SHERRINGTON, SIR CHARLES. *Man on his Nature*. Cambridge University Press, 1940(1st ed.).

WINDELBAND, WILHELM. *Geschichte der Philosophie*. Tübingen und Leipzig: J. C. B. Mohr, 1903.

2부

과학과 인문주의

나의 30년 동반자에게

서문

이 글은 1950년 2월 '인문주의의 구성 요소로서의 과학' 이라는 제목하에 아일랜드 더블린 유니버시티칼리지의 더블린고등연구원 후원으로 진행된 네 번의 대중 강연을 담은 것입니다. 이 제목도, 축약해 선정한 이 책의 제목도 전체 내용을 적절히 포괄하지는 못하지만, 첫 번째 절의 내용만은 담고 있습니다. 두 번째 절부터는 금세기 물리학이 점진적으로 발달해 온 상황을 묘사하고, 나아가 제목과 초반부에서 표현된 관점으로 이를 그리고자 합니다. 이는 과학계에서 일구어낸 성과들을 내가 어떻게 보고 있는지, 즉 자신이 놓인 상황을 파악하려는 인간의 노력의 일부를 형성하는 것에 대한 예시를 보여줄 것입니다.

이 책자를 빠르게 출판해준 케임브리지 대학교 출판부에 감사를 드립니다. 그리고 도해를 설계하고 본문을 교정해준 더블린 연구소의 메리 휴스턴 씨에게 감사드립니다.

1951년 3월, E. S.

삶에 대한 과학의 정신적 의미

과학 연구의 가치는 무엇일까요? 과거 어느 때보다 우리 시대에 과학의 발전에 진정한 공헌을 하고 싶어 하는 이라면 누구나 전문 분야를 연구해야 한다는 것을 잘 알고 있습니다. 이는 특정한 좁은 영역에서 알려진 모든 것을 배우고 그런 다음 연구와 실험과 생각으로 이 지식을 더 많이 쌓으려는 개인의 노력을 강화하는 것을 의미합니다. 그런 전문화된 활동에 임하는 사람은 자연히 그것이 무엇을 위한 것인지 생각하기 위해 때로 멈추게 됩니다. 한 좁은 영역에서 지식을 증진시키는 것 자체는 어떠한 가치가 있을까요? **단일한** 과학—말하자면 물리학, 화학, 식물학, 동물학—에서 나온 분과 학문들 각각이 일군 성취의 총합은 그 자체로 어떤 가치가 있는 것일까요? 아니면 모든 과학이 함께 일구어낸 성취의 총합이 가치가 있는 걸까요? 그리고 그것은 **어떤** 가치일까요?

많은 사람들, 특히 과학에 별 관심이 없는 사람들은 기술, 산업, 공학 등을 변화시키는 과학적 성취의 실용적인 결과를 언급하며 이 질문에 대답하려는 경향이 있습니다. 사실 200년도 채 안 되는 기간 동안 알아볼 수 없을 정도로 우리의 생활방식 전체가 바뀌었으며, 앞으로 다가올 미래에는 훨씬 더 빠른 변화가 나타나리라 예상됩니다.

자신의 노력이 실용적이라는 평가에 동의할 과학자는 별로 없을 것입니다. 물론 가치의 문제는 꽤 까다로운 사안임이 분명합니다. 논쟁의 여지가 없는 주장을 제시하기란 거의 불가능하지요. 그러나 나는 세 가지 주요 주장을 제시하고, 이를 통해 반대 의견을 내놓으려 합니다.

첫째, 나는 자연과학이 지식을 쌓기 위해 대학이나 다른 시설들에서 이뤄지는 다른 종류의 배움—독일어 표현으로는 Wissenschaft—과 상당히 동일 선상에 있다고 여깁니다. 역사학이나 언어학, 철학, 지리학—혹은 음악, 회화, 조각, 건축의 역사—혹은 고고학이나 선사시대 역사 분야의 학문이나 연구를 생각해봅시다. 인간 사회의 상황을 실질적으로 개선하는 일이 이런 (학문이나 연구) 활동의 주된 목적이라고, 누구도 연결시켜 생각하고 싶어 하지 않을 것입니다. 그런 활동이 종종 어떤 분야의 개선을 낳기는 하지만 말입니다. 이런 관점에서 볼 때, 나는 과학이 다른 지위를 가진다고 생각할 수 없습니다.

다른 한편으로는 (이것이 나의 두 번째 주장입니다), 인간 사회에서 사는 데 명백하게 실용적인 의미가 전혀 없는 자연과학 분야도 있습니다. 천체물리학, 우주론, 지구물리학에 속하는 여러 분야들이 그렇습니다. 예를 들어 지진학을 봅시다. 지진에 대한 우리의 지식은, 폭풍이 다가올 때 저인망 어선들에게 피항하라고 경고하는 것처럼, 사람들에게 당장 집에서 나와 대피하라는 경보를 발령하는, 거의 예측 능력이 없는 수준에 머물러 있습니다. 지진학이 할 수 있는 것이라고는 어떤 위험 구역에 살게 될 거주자들에게 경고하는 것밖에 없습니다. 그런 위험 지역은 과학의 도움이 아니라 대개 슬픈 경험들을 통해 알려집니다. 그런 경고에도 불구하고 비옥한 토양이 더 절실한 탓에 인구가 밀집되는 경우가 많습니다.

세 번째로, 자연과학이 급속히 발전한 후 뒤따라 일어난 기술과 산업의 발달로 인류의 행복이 증진되었는지 나는 극히 의심스럽습니다. 여기서 자세히 들어갈 수도 없거니와 미래에 펼쳐질 일들에 대해서는 얘기하지 않겠습니다. 지구의 표면은 인간이 만들어낸 방사능으로 계속 오염될 것이고, 우리 인간종은, 올더스 헉슬리가 흥미로울 뿐 아니라 무시무시한 신작 소설 『유인원과 본질*Ape and Essence*』에서 묘사한 끔찍한 결말을 맞을 것입니다. 그러나 오늘날 엄청난 운송 수단에 의해 세계의 크기가 "경탄할 만큼 작아진 것"만은 고려해보죠. 킬로미터가 아니라 **가장 빠른** 이동 수단으로 걸리는 시간으로 측정하면, 모든 거리가 거의 무의미한 수준으로 줄어듭니다. 대신 가격은, **가장 싼** 이동 수단으로 평가해보아도 최근 10년 혹은 20년 동안 두세 배가 되었습니다. 그리하여 전에 없이 많은 가족들, 가까운 친구들이 전 세계로 흩어져버렸습니다. 많은 경우 이들은 다시 만날 수 있을 만큼 부자도 아니고, 어떤 이들은 가슴이 미어지는 작별로 끝날 짧은 만남을 위해 끔찍한 희생을 치르기도 합니다. 이것이 인간의 행복에 도움이 될까요? 두드러진 현상만 언급했을 뿐 몇 시간에 걸쳐

이 화제의 범위를 넓혀갈 수 있을 겁니다.

그러나 인간의 활동에서 덜 우울한 측면으로 돌아가 보겠습니다. 이제 여러분은 이렇게 물을 겁니다. 그러면 당신 생각에 자연과학의 가치는 무엇입니까? 나는 다음과 같이 대답합니다. 자연과학의 능력, 목적 그리고 가치는 인류의 여타 지식 분야의 능력, 목적, 가치와 동일합니다. 단 하나의 학문 분과만으로는 안 되고, 오로지 분과들 전체를 통합한 것만이 어떤 능력 혹은 가치를 가지며, 그것은 간단히 이렇게 요약할 수 있습니다. "그노티 세아우톤Γνῶθι σεαυτόν, 너 자신을 알라!"라는 델포이 신전에 적힌 신의 명령에 따르는 것입니다. 혹은 이것을 간결하고 인상적인 플로티노스의 수사로 설명해봅시다(『엔네아데스』 VI, 4, 14). "헤메이스 데 티네스 데 헤메이스ἡμεις δέ, τίνες δὲ ἡμεῖς 그리고 우리, 도대체 우리는 누구인가?" 플로티노스는 이어서 말합니다. "어쩌면 우리는 이 창조물이 존재하기 전에 이미 **그곳에** 있었는지도 모른다. 다른 유형의 인간, 또는 심지어 일종의 신, 순수한 영혼과 마음이 전 우주, 이해할 수 있는 세계의 일부, 분리되고 단절된 것이 아니라 전체와 하나로 결합된 것이다."

나는 어떤 환경 속에서 태어납니다. 내가 어디에서 왔는지 어디로 가는지 내가 누군지 나는 모릅니다. 이것이 여러분들, 여러분 한 사람 한 사람의 상황과 동일한 나의 상황입니다. 누구나 항상 이런 상황에 처해 있다는 사실, 그리고 앞으로도 항상 그럴 것이라는 사실이 내게 말해주는 것은 없습니다. 어디에서 와서 어디로 가는가, 하는 우리의 강렬한 의문, 이 의문에 대해 우리 스스로 관찰할 수 있는 것은 현재의 환경이 전부입니다. 바로 그래서 우리는 할 수 있는 만큼 우리 자신이 어디서 와서 어디로 가는지 알아내고 싶어 합니다. 이런 목표를 이루는 수단이 과학, 배움, 지식이고, 인간의 모든 정신적인 노력의 진정한 원천입니다. 우리는 우리가 태어나 놓이게 된 곳의 공간적 시간적 환경을 가능한 만큼 알아내려고 합니다. 그런 일을 시도하는 가운데 기쁨을 느끼고, 대단히 재미있다는 것을 발견하게 됩니다.(**그것이** 우리가 존재하게 된 목적이 아닐까요?)

우리가 그런 일에서 기쁨을 느끼고 재미를 발견한다는 것이 명백하고 자명해 보이기는 하지만, 이렇게 말해둘 필요는 있습니다. 어떤 좁은 분야의 전문가 그룹이 습득한 지식은 고립된 상태에서는 아무런 가치를 가지지 못하며 나머지 모든 지식과 함께 종합될 때만, 그리고 이 종합에서 그 특정 분야의 지식이 "티네스 데 헤메이스τίνες δὲ ἡμεῖς, 우리는 누구인가?"라는 질문에 대한 답에 정말로 기여할 때만 가치를 갖는다는 것입니다.

스페인의 위대한 철학자 호세 오르테가 이 가세트[1]

1 호세 오르테가 이 가세트José Ortega y Gasset(1883~1955)는 1936년 스페인 내전이 일어나자 망명하여 프랑스, 네덜란드, 아르헨티나, 포

는, 수년 동안의 망명 생활 후에 마드리드로 돌아갔습니다(그는 내가 믿기로는 **사회민주주의자**가 아닌 만큼 파시스트도 아니며, 그냥 보통의 이성적인 인간입니다). 그는 이번 세기의 20년대(1920년대)에 일련의 글을 출판했으며, 이 글은 나중에 『대중의 반역*La rebelión de las masas*』이라는 제호의 매력적인 책으로 출판되었습니다. 어쨌든 이 책은 사회 혁명이나 다른 어떤 혁명과도 상관이 없습니다. 여기서 '반역rebelión'은 순전히 은유적인 의미를 띱니다. 기계의 시대는 인구 수와 그들의 요구 정도를 전례도 없고 예측도 할 수 없을 만큼 높은 수준으로 올려놓았습니다. 우리 일상은 이런 엄청난 인구와 이들의 막대한 수요에 점점 더 많이 얽히고 있습니다. 빵이나 버터, 버스 승차나 극장 표, 조용한 휴가 리조트나 해외 여행, 들어가 살 수 있는 방이나 생계를 유지할 직업 등… 우리가 필요로 하거나 원하는 것이 무엇이든지 간에 동일한 수요와 욕망을 가진 사람들이 수없이 많습니다. 이러한 수들이 역사상 유례없이 급상승한 결과로 새로운 상황이 펼쳐지고 있는데, 이것이 오르테가의 책이 다루는 주제입니다.

이 책에는 대단히 흥미로운 관찰이 담겨 있습니다. 지금 우리와 상관은 없지만 그냥 예를 하나 들어보겠습니다. 한 장章의 제목이 "El major peligro, el estado", 즉 "가

르투갈 등지에서 체류하다가 1945년 스페인으로 귀국했고, 1948년 마드리드로 돌아가 인문학 연구소를 세웠다. (옮긴이주)

장 큰 위협, 국가"입니다. 그는 여기서 개인의 자유를 축소하는—우리를 보호한다는 구실하에, 그러나 전혀 필요하지 않은—국가의 힘이 증가하고 있는 것이 미래의 문화 발전에 가장 큰 위협이라고 언명합니다. 그러나 여기서 내가 말하고 싶은 내용은 그 앞 장에 나옵니다. 이 장의 제목은 "La Barbarie del 'especialismo'", 즉 "전문화라는 야만" 입니다. 언뜻 보기에는 역설적인 제목이어서 여러분을 놀라게 할지 모릅니다. 그는 대담하게도, 전문화된 과학자를 짐승같이 무지한 일반 대중의 전형으로 그리고 있습니다. 이들은 진정한 문명의 생존을 위태롭게 만듭니다. 이러한 '역사상 전례 없는 과학자 유형'으로 그가 제시하는 매력적인 표현 몇 개만 뽑아보겠습니다.

> 전문화된 과학자는 이런 사람이다. 진짜 교육받은 사람이 알아야 할 모든 것 중에서 하나의 특정한 과학만 잘 아는 사람, 아니 이 과학 중에서도 자신이 관여하고 있는 연구 분야에서 그에게 알려진 작은 부분만 아는 사람이다. 그 자신이 몰두하고 있는 좁은 분야 바깥에 있는 것에는 눈길조차 주지 않는 것이 미덕이라고 주장하고, 모든 지식의 통합을 목적으로 하는 호기심은 호사가들의 취미라고 비난하는 데까지 이른다.
>
> 자기 분야 연구자들의 협소한 시각에 고립된 채 새로운 사실을 발견하고 (자신도 거의 모르는) 과학 연구를 진척시키고, 이 과학과 함께 통합된 인간 사고를 증진시키

> 는 데 성공한다. 과학자는 완전히 단호하게 통합된 인간 사고를 무시한다. 실제로 이런 일이 일어난다. 이런 일이 어떻게 가능할까, 그리고 어떻게 계속하여 가능할 수 있을까? 우리는 터무니없지만 다음과 같은 부정할 수 없는 사실을 힘주어 강조해야 한다. 즉 실험과학이 상당한 수준으로 진보한 것은, 기막힐 만큼 평범한 사람들과 심지어 평범한 사람보다 훨씬 못한 사람들의 노력 덕분이라는 사실 말이다.

더 인용하지는 않겠습니다. 그러나 여러분이 책을 구해서 직접 읽어보기를 강력히 권합니다. 이 책이 출판되고 나서 20여 년이 흐르는 동안 나는 오르테가 이 가세트가 고발한 개탄스러운 일들과는 반대되는 매우 좋은 조짐들을 목격했습니다. 우리가 전문화를 완전히 피할 수 있는 것은 아닙니다. 우리가 잘해내기를 원한다 해도 불가능한 일입니다. 그러나 전문화는 미덕이 아니라 피할 수 없는 악마이며 모든 전문화된 연구는 통합된 지식 전체의 맥락 속에서만 진짜 가치를 가진다는 점을 아는 것이 중요하다는 주장이 근거를 얻어 가고 있습니다. 취미로 일하는 사람들(딜레탕티슴, 아마추어리즘)을 비난하는 목소리들은 점점 약해지고 있습니다. 이들은 '면허를 받거나' '자격을 얻기' 위한 특별한 훈련 이상을 요구하는 주제에 대해 감히 생각하고 말하고 쓰지요. 그러한 시도를 두고 떠들어 대는 소리들은 두 부류, 즉 매우 과학적이거나 매우 비과학적인 부류 중 하나에 속합니다. 그렇게 떠드는 이유는 두 경우 모두 쉽게 이해할 수 있습니다.

'독일 대학들'이라는 기사(《옵저버》, 1949년 12월 11일)에서 이튼 스쿨의 교장 로버트 벌리는 독일의 대학개혁위원회의 보고서를 몇 줄 인용합니다. 매우 강조해서 인용했는데, 나는 이를 전적으로 지지합니다. 다음 내용이 이 보고서에 쓰여 있습니다.

> 공업대학의 모든 강사는 다음과 같은 능력을 가져야만 한다.
>
> (a) 자신의 강의 주제의 한계를 알 것. 가르칠 때 학생들로 하여금 이 한계를 의식하도록 할 것. 그리고 이 한계를 넘어서면 합리적이지 않은 힘들이 작동할 것이며 이 힘들은 삶과 인간 사회 자체에서 생겨난다는 점을 학생들에게 보여줄 것.
>
> (b) 모든 주제에서 그 자체의 좁은 영역을 넘어 더 넓은 영역으로 이끌어 가는 방식을 보여줄 것. 등등.

이런 지침을 공식화하는 것이 특별히 처음 있는 일이라고 말하지는 않겠습니다. 그러나 누가 위원회나 위원단 혹은 이사회 같은 조직—인간의 **모임**은 흔하디흔한 것이죠—으로부터 이런 독창성을 기대할 수 있을까요? 그러나 이런 종류의 태도가 지배적이라는 것을 알게 되면 기쁘고 감사하게 됩니다. 유일한 비판은—이것이 비판이라면—

왜 이런 요구 사항이 **독일**에 있는 **공업** 대학의 교수들만을 대상으로 제시되어야 하는지 도대체 이유를 알 수 없다는 겁니다. 이런 요구 사항은 모든 대학에서 가르치는 모든 이들에게 적용되어야 합니다. 아니 세계 모든 학교에 적용되어야 한다고 나는 믿습니다. 요구 사항을 이렇게 바꾸어보겠습니다.

> 인간의 삶이라는 희비극을 훌륭하게 수행하는 가운데 교사가 다루는 특별한 주제가 수행하는 역할을 절대 잊지 말라. 삶에 밀착하라. 여기서 말하는 삶은 실제 삶보다는 이상적인 삶의 배경을 말한다. 이것이 훨씬 더 중요하다. 그리고 **항상 삶을 당신 가까이 두어라**. 만약 당신이, 종국에 이르러서도, 무엇을 해 왔는지 말할 수 없다면, 당신이 하는 일은 아무런 가치가 없다.

과학의 진정한 의미를 말살하는 과학의 성취

나는 우리 연구소의 규정상 해마다 실시해야 하는 대중 강연을 우리의 작은 영역에서 이런 접점을 마련하고 유지하는 수단으로 여깁니다. 실로 연구기관 고유의 영역이라고 생각합니다. 이 일이 그리 쉽지는 않습니다. 무엇인가 시작할 때는 모종의 배경이 있어야 하는데, 여러분도 알다시피 과학 교육은 이 나라 저 나라에서 엄청나게 등한시되고 있기 때문입니다. 사실 다른 과학 분야들보다 더 도외시되는 몇몇 분야가 있지만 말입니다. 대대손손 이어져 내려온 폐해라고 할 수 있겠군요. 교육받은 사람들 다수가 과학에 흥미가 없으며, 과학적 지식이 인간 삶의 관념론적 부분을 구성한다는 것을 모르고 있습니다. 많은 사람들이, 과학이 정말 무엇인지 전혀 모른 채로, 과학이란 우리 삶의 여건을 개선하기 위해 주로 새로운 기계를 발명하거나 발명을 돕는 부수적인 역할을 한다고 믿습니다. 사람들은 배관 수리를 배관공에게 맡기는 것처럼, 이런 일을 전문가에게 맡길 준비가 되어 있습니다. 만약 이런 세계관을 가진 사람이 우리 아이들의 교육 과정을 결정한다면, 결과는 필연적으로 내가 지금 설명했던 것처럼 될 것입니다.

물론 이런 태도가 만연하게 된 데에는 역사적인 이유가 있습니다. 삶의 이상주의적인 바탕에 대해서 과학의 태도는, 유럽에서 사실상 과학이 존재하지 않았던 중세를 제외하면 항상 훌륭했습니다. 그러나 근래의 소강 상태는 사람들을 쉽사리 현혹시켜 과학의 이상주의적인 책무를 과소평가하도록 만들었습니다. 나는 19세기 하반기를 일시적인 침체기라고 봅니다. 이 시기는 과학이 폭발적으로 발전한 때이며, 더불어 산업과 기술도 대단히 폭발적으로 발전했습니다. 이러한 발전은 인간 삶의 물질적인 측면에 어마어마한 영향을 미쳤으며, 대부분의 사람들은 이와는 다른 연결 관계들을 잊어버렸습니다. 아니, 그것보다 상황이 더 안 좋습니다! 엄청난 **물질적인** 발전이, 이른바 새로운 과학적 발견에서 생겨난 **물질주의적인** 세계관으로 이어졌습니다. 이런 일들이 이후 반세기[즉 20세기 전반] 동안—이 시기도 이제 끝에 다가가고 있습니다—여러 방면에서 과학을 의도적으로 무시하는 원인이 되었다고 나는 생각합니다. 학식 있는 사람들의 관점과 이에 대한 일반 대중의 시각 사이에는 항상 어느 정도의 시간 지체가 있기 때문입니다. 나는 그런 지체가 발생하는 평균 시간으로 50년을 과도한 추정치라고 생각하지 않습니다.

그건 그렇고, 막 지나간 50년 동안 전체적으로 과학이, 특히 물리학이 발전했습니다. 이는 우리가 '인류의 상황Human Situation'이라 일컫는 것에 대한 서구의 세계관을 바꿨다는 점에서는 유례가 없습니다. 일반 대중 가운데 교육받은 사람들이 이러한 변화를 인식하는 데에 또다시 50년 이상이 소요될 거라는 사실을 나는 거의 의심하지 않습니다. 물론 내가 대중 강연 몇 번 한다고 이런 과정이 대단히 빨라질 것이라고 기대할 정도로 이상주의적인 몽상가는 아닙니다. 그러나 한편으로, 이런 **동화** 과정이 자동으로 이뤄지지는 않습니다. **이를 위해 우리가 애를 써야 합니다.** 이 일에서 나는 내가 할 일을 하고, 다른 사람들은 그들의 일을 할 것이라고 믿습니다. 이것이 삶에서 우리가 해야 할 과제의 일부입니다.

물질에 대한 우리의 관념에 일어난 근본 변화

우리는 이제 마침내 어떤 특별한 주제에 이르렀습니다. 내가 지금까지 한 얘기를 여러분이 머리말 정도로 여겼다면 좀 길게 느꼈을 수도 있겠습니다. 내 이야기 자체가 흥미로웠기를 바랍니다. 그런 얘기를 피해 갈 수가 없었습니다. 나는 상황을 분명히 해두어야 했습니다. 내가 여러분에게 전하는 새로운 발견들 중의 무엇도 그것 자체로 대단히 흥미진진하지는 않습니다. 흥미롭고 새로우며 혁명적인 것은 새로운 발견들을 모두 통합하려는 시도로 채택할 수밖에 없는 전반적인 태도입니다.

본론으로 들어가겠습니다. **물질**이라는 문제가 있습니다. 물질이란 무엇일까요? 우리는 어떻게 **물질**을 우리의 **마음**에 그려내는 걸까요?

첫 번째 형태의 질문은 우스꽝스럽습니다. (물질이란 무엇인가, 또는 그렇다면 전기는 무엇인가라고 어떻게 말할 수 있을까요? 둘 다 우리에게 단 한 번만 주어진 현상이니까요.) 두 번째 형태의 질문에는 완전히 바뀐 태도가 드러나 있습니다. 물질은 우리의 마음에 나타나는 일종의 이미지입니다. 그러므로 마음은 물질에 앞섭니다. (나의 정신이 어떤 물질적인 부분, 즉 내 뇌가 데이터를 처리하는 물리적 과정에 의존한다는 이상한 경험적 증거에도 불구하고 말입니다.)

19세기 후반기에는 물질이 영원한 것이어서 우리가

붙잡을 수 있는 것처럼 보였습니다. (물리학자들이 아는 한) 결코 창조된 적이 없으며 결코 파괴될 수도 없는 한 조각의 물질이 **있었던** 것입니다! 우리는 그것을 쥘 수도 있고, 그것이 줄어들어 손가락 사이로 빠져나가지 않으리란 것을 느낄 수 있습니다.

게다가 물리학자들은 이 물질이란 것이 아주 작은 조각조차도 거동과 운동에서 엄격한 법칙의 지배를 받는다고 주장했습니다. 물질은 상대적인 상황에 따라 물질에 인접한 부분들이 그 물질에 가하는 힘에 따라 운동한다는 것이었습니다. 우리는 그 물질이 어떻게 움직일지 **예측**할 수 있습니다. 물질은 초기 조건에 따라 모든 미래 상태가 엄격하게 결정됩니다.

외부의 무생물적인 물질만 무대에 있다면, 어쨌든 물리학에서, 이 설명은 아주 만족스러웠습니다. 그런데 이러한 설명이 우리 자신의 몸이나 친구들의 몸이나, 심지어 우리 고양이나 개의 몸을 구성하는 물질에 적용되면, 잘 알려져 있는 어려움이 발생합니다. 그들 자신의 의지로 팔다리를 움직이는 살아 있는 존재의 명백한 자유 말입니다. 이 문제는 나중에 다루겠습니다(212쪽 이후). 지금 나는 지난 반세기 동안 물질에 대한 우리의 관념에 일어난 근본 변화를 설명하려고 합니다. 이 변화는 점진적으로, 우연히 일어났으며, 누구도 이를 목표로 삼지 않았습니다. 우리는 여전히 옛날의 '물질주의' 관념의 틀 속에서 우리가 움직인다고 믿습니다. 그 관념을 우리가 떠났음이 밝혀졌는데도 말입니다.

물질에 대한 우리의 관념은 19세기 후반에 그랬던 것보다 '훨씬 덜 물질주의적'임이 드러나고 있습니다. 이 관념은 여전히 매우 불완전하고, 아주 혼란스럽고, 여러 측면에서 명확성이 부족합니다. 그러나 이렇게 말할 수 있습니다. 물질이란 그것이 움직일 때 우리가 그것을 모두 따라갈 수 있고, 그것의 운동을 지배하는 정확한 법칙을 알아낼 수 있는, 공간 속에 있는 단순하고 손에 잡히는 거친 무엇이 아니라는 것입니다.

물질은 비교적 멀리 분리되어 있는 입자들로 구성되어 있습니다. 물질은 빈 공간에 놓여 있습니다. 이 생각은 기원전 5세기 압데라에 살았던 레우키포스와 데모크리토스까지 거슬러 올라갑니다. 입자와 빈 공간(아토모이 카이 케논ἄτομοι καὶ κενόν)이라는 이 관념은 오늘날에도 (내가 지금 설명하려는 것과 같이 수정되어) 유지되고 있습니다. 그뿐만 아니라 완전히 역사적인 연속성도 있습니다. 다시 말해 이 관념을 다시 거론할 때마다 고대 철학자들의 관념을 받아들인다는 사실을 잘 알고 있습니다. 게다가 이 관념은 실제 실험에서도 생각할 수 있는 가장 위대한 승리를 거쳤습니다. 고대 철학자들이 자신의 가장 대담한 꿈에서도 도저히 바라지 못했던 실험입니다. 예를 들어, 오토 슈테른은 가장 단순하고 자연스러운 방법으로은silver 원자를 기화시켜 쏘는 실험에서 원자들의 속도 분포를 결정하는 데 성공했습니다. 그림 1에 간략하게 도식화했습니다. A, B, C라는 문자로 표시된 바깥쪽 원은 닫혀 있는 원통 모양 관의 단면을 나타냅니다. 이 관은 완벽한 진공 상태가 되도록 공기를 빼낸 상태입니다. 점 S는 빛을 내는 전선의 단면을 나타냅니다. 은 전선은 원통의 긴 방향을 따라(즉 종이면에 수직으로) 뻗어 있고 계속 은 원자를 방출합니다. 방출된 은 원자는 곧게, 즉 간단히 말하면 반지름 방향으로 날아갑니다. 그러나 S 주위에 동심원 모양의 작은 원 Sh로 표기한 원통형 막이 있어서 원자들은 출구 O를 통해서만 지나갈 수 있습니다.

O는 전선 S에 평행한 실틈입니다. 다른 것이 없다면, 원자들은 실틈을 똑바로 통과해 A에 찍히고, 시간이 좀 지

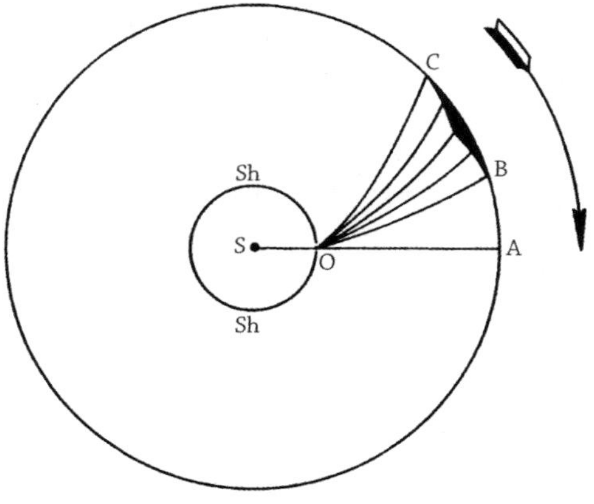

그림 1

나면 (전선 S와 실틈 O에 평행하게) 검은 실선의 형태로 침전이 형성됩니다. 그런데 슈테른의 실험에서는 **장치 전체**가 도공의 물레처럼 축 S를 중심으로 빠르게 회전합니다 (회전 방향은 화살표). 장치의 회전은 날아가는 원자들—회전의 영향을 받지 **않는다**—이 A가 아니라 A '뒤에' 침전되는 효과를 일으킵니다. 원자들이 **느릴수록** 더 **뒤에** 침전됩니다. 왜냐하면 원자들이 실린더 벽에 도달하기 전에 실린더가 **더 큰** 각도로 회전하기 때문입니다. 따라서 가장 느린 원자들이 C에 선을 만들며, 제일 빠른 원자들이 B에 선을 남깁니다. 시간이 지나면 넓은 띠가 형성되는데, 단면을 그림 1과 같이 나타낼 수 있습니다. 달라지는 띠의 두께를 측정하고 실험 기구의 크기와 회전 속도를 계산하면, 원자의 실제 속도를 결정할 수 있습니다. 더 정확히 말해서 서로 다른 속도로 날아가는 원자들의 상대적인 개수, 즉 속도 분포를 알 수 있습니다. 원자들의 경로가 그림에서 보듯이 부채처럼 퍼져 있고 굴곡이 져 있는 것에 대해서는 설명을 해야겠습니다. 날아가는 원자들이 원통의 회전에 영향을 받지 **않는다**는 내 말과 이 두 현상이 모순되기 때문입니다. 나는 원자들의 '실제' 경로가 **아니라**, 실험 도구와 함께 회전하는 관찰자에게(우리가 지구와 함께 회전하는 것처럼) 보이게 될 경로를 내 나름대로 그렸습니다. 이러한 '상대적인 경로'는 회전하는 동안 동일하게 유지된다는 것을 분명히 이해하는 것이 중요합니다. 따라서 우리는 상당한 침전물이 생길 때까지 원하는 만큼 계속 회전시킬 수 있습니다.

이러한 중요한 실험이 맥스웰의 기체 이론을 정량적으로 확인해주었습니다. 기체 이론이 정립된 후 여러 해가 지난 후였습니다. 오늘날에는 훨씬 더 인상적인 연구들이 나와서 이런 실험들은 퇴색하고 거의 잊혀졌지요.

하나의 빠른 입자가 만드는 효과는 형광 스크린에 부딪혀 약한 섬광, 즉 불꽃을 만들 때 관찰됩니다. (만약 여러분이 빛나는 물체를 본다면, 어두운 방으로 가지고 가서 적당한 도수의 확대경으로 관찰해보세요. 그러면 헬륨이온 하나, 이 맥락에서는 알파입자라고 불러야 하는 것이 만들어낸 섬광을 관찰할 수 있습니다.) 윌슨의 안개상자에서 단일 입자들, 알파입자, 전자, 중간자 등의 경로를 관찰할 수 있습니다. 이들의 경로는 사진으로 찍을 수 있으며 자기장 내에서 휘는 정도를 알아낼 수 있습니다. 사진 유화액 속을 통과하는 우주선宇宙線, cosmic ray 입자들은 그곳에서 핵붕괴를 하고, 첫째 입자들과 둘째 입자들은 (보통 때처럼 전하를 띠고 있다면) 유화액 속에서 경로를 그리며 움직이므로, 일반적인 사진 현상 절차로 건판을 만들면 경로를 눈으로 볼 수 있습니다. 물질의 입자 구조에 대한 오래된 가설이, 수세기 동안의 열망을 훌쩍 뛰어넘을 정도로 입증되어 왔음을 매우 직접적인 방식으로 보여주는 사례를 더 제시할 수 있습니다. (그러나 이 정도로 충분할 겁니다.)

더욱이 예상치 못한 것은 다른 실험과 이론적 고찰의 결과로 이러한 모든 입자의 본질에 대한 우리의 생각이 같은 기간 동안에 바뀌었으며, 이는 무척 힘든 일이었다는 점입니다.

데모크리토스와 19세기 말까지 그의 길을 따랐던 모든 이들은, 개별 원자의 효과를 추적하지는 않았지만(그리고 그럴 수 있기를 바라지도 않았겠지만), 여전히 원자가 개별자individual이고 식별 가능하며, 우리와 같은 환경 안에 있어 만질 수 있는 거친 대상과 같은 작은 물체라고 확신했습니다. 단일한 개별 원자와 입자를 추적하는 데 다양한 방식으로 성공했던 몇 년 아니 수십 년 동안 그런 입자가 원칙적으로 영원히 '동일성'을 유지하는 개별적 실체라는 생각을 버려야 했다는 사실이 정말 터무니없어 보입니다. 정반대로, 우리는 이제 물질의 궁극적인 구성 요소들은 어떠한 '동일성'도 갖지 않는다고 주장해야 합니다. 만약 여러분이 지금 여기서 어떤 유형의 입자, 예를 들어 전자 하나를 관찰한다면 이것은 원칙적으로 하나의 '**고립 사건**'으로 간주되겠지요. 만약 여러분이 아주 짧은 시간 후에 처음 본 입자와 아주 가까운 곳에 있는 비슷한 입자를 관찰한다고 하더라도, 그리고 첫 번째 관찰과 두 번째 관찰 사이에 어떤 **인과관계**를 가정할 충분한 이유가 있다고 하더라도, 여러분이 관찰한 첫 번째 입자와 두 번째 입자가 **같**

은 것이라고 하는 주장에는 참되고 모호함 없는 의미가 없습니다. 상황을 보면 두 입자가 동일하다고 표현하는 것이 매우 편리하고 바람직하겠지만, 그것은 그저 간단히 말한 것에 불과합니다. 왜냐하면 '동일성'이라는 개념이 완전히 무의미해지는 사례들이 있기 때문입니다. 또한 두 입자 사이에 분명한 경계도 명확한 구분도 없습니다. 중간 단계들을 거치면서 점진적으로 전이해 갈 뿐입니다. 그리고 이 점은 꼭 강조하고 싶고 믿어 달라고 간곡히 부탁하고 싶습니다. 어떤 경우에는 동일성을 확인할 수 있고 또 어떤 경우에는 그렇게 할 수 없다는 문제가 아니라는 것입니다. 의심의 여지없이 '같음', 즉 동일성 문제는 진정코 단언컨대 무의미합니다.

근본 개념은 실체가 아니라 형상

상황은 다소 혼란스럽습니다. 여러분은 이렇게 물을 것입니다. 만약 입자들이 개별자가 아니라면 무엇이란 말입니까?[2] 그리고 여러분은 또 다른 종류의 점진적인 전이, 즉 궁극적인 입자와 우리 주변에서 실제로 느낄 수 있는 물체 사이의 전이를 지적할 수도 있습니다. 주변의 물체에

2 영어에서 개체個體는 individual 즉 더 이상 나눌 수 없는 것을 가리키며, 그 성질을 추상화한 individuality의 문자적 의미는 '불가분성' 즉 더 이상 나눌 수 없음을 의미하지만, 한국어의 용법을 따라 '개체성'으로 옮긴다. (옮긴이주)

는 개별적 동일성을 부여할 수 있습니다. 입자들이 모여 하나의 원자를 구성합니다. 몇 개의 원자들이 하나의 분자를 이룹니다. 작은 것과 큰 것, 크기가 다양한 분자들이 있습니다. 그러나 이것보다 더 큰 것이 거대분자라고 규정할 수 있는 경계는 없습니다. 사실 분자 크기의 상한은 없습니다. 분자는 원자 수십만 개를 포함할 수도 있습니다. 분자는 현미경으로만 볼 수 있는 바이러스 혹은 유전자일 수도 있습니다. 마지막으로 우리 환경에서 우리가 감지할 수 있는 물체가 분자들로 구성되어 있음을 관찰할 수 있고, 이 분자들은 원자들로 구성되어 있고, 또 이 원자들이 기본 입자로 구성되어 있고 … 그리고 만약 기본 입자에 개체성이 없다면 내 손목시계는 어떻게 개체성을 얻는다는 말일까요? 한계는 어디일까요? 어떻게 개별자가 아닌 것으로 이루어진 물체에서 개체성이 생겨난단 말일까요?

이 질문을 좀 더 상세히 살펴보는 것이 유익합니다. 왜냐하면 이 질문이 입자 혹은 원자가 정말 무엇인지—개체성이 없는데도 입자나 원자 안에 영원히 존재하는 그것—를 알고자 한다면 실마리를 줄 것이기 때문입니다. 우리 집 내 책상에는 쇠로 된 서진이 하나 있는데, 그레이트데인종 개가 앞발을 모으고 엎드려 있는 모양입니다. 나는 내 코가 아버지의 책상에 겨우 닿을 때 그 책상 위에 놓인 서진을 보았습니다. 수년이 지나 아버지가 돌아가시고, 내가 그 서진을 물려받았습니다. 왜냐하면 나는 그 서진을 좋아했고 계속 사용했기 때문입니다. 1938년, 내가 급히 떠나야 해서 그라츠에 남겨 두게 될 때까지 서진은 여러 장소로 나를 따라다녔습니다. 내가 그 서진을 아주 좋아한다는 것을 알고 있던 한 친구가 나를 위해 챙겨 두었습니다. 그리고 3년 전 내 아내가 오스트리아를 방문했을 때 친구에게 받아서 가져다주었고, 서진은 다시 내 책상에 놓여 있습니다.

나는 그것이 동일한 개, 내가 오십 몇 년 전에 내 아버지의 책상에서 처음 보았던 개라고 단언컨대 확신합니다. 그런데 내가 **왜** 이런 사실을 확신해야 할까요? 이유는 명백합니다. 의심의 여지없이 동일성을 불러일으키는 것은 특유한 **모양** 혹은 **형태**(독일어로는 **게슈탈트**)이지 물질적인 내용이 아닙니다. 그 물질을 녹여 사람 모양으로 다시 주조한다면 동일성이 생겨나기가 훨씬 더 힘들 것입니다. 더 중요하게는, 의심할 여지없이 물질적 동일성이 확실히 밝혀진다고 하더라도 그리 흥미롭지 않을 것입니다. 나는 아마도 이 쇠의 동일성이나 쇳덩어리에 별로 관심이 없을 것이며, 내 기념품은 파괴되었다고 선언할 것입니다.

이 사례는 좋은 비유라고 나는 생각합니다. 입자들 혹은 원자들이 정말 무엇인가를 말해주기 때문에 어쩌면 비유 이상이라고 생각합니다. 왜냐하면 다른 많은 경우처럼 우리는 이 사례에서, 많은 원자로 구성된 우리가 감지할 수 있는 물체들에서 (우리가 다른 경우에 그렇게 부르는) 개체성이 그 조성물들의 구조나 모양, 형태나 조직에서 어떻게 생겨나는지 알 수 있기 때문입니다. **물질**의 동일성은, 만약 그런 것이 있다면, 부수적인 역할을 합니다. 물질이 확실히 변했음에도 여러분이 '동일'하다고 말하는 경우에 이를 특히 잘 알 수 있을 것입니다. 어떤 사람이 어릴 때 지냈던 작은 시골집에 20년 만에 돌아왔다고 해보죠. 추억의 장소가 변하지 않은 채로 있는 걸 보고 그 사람은 깊은 감동을 받습니다. **동일한** 작은 강물이 **동일한** 초원을 가로질러 흐르고, 초원에는 자신이 아주 잘 알고 있던 수레국화와 양귀비와 버드나무가 있고, 예전처럼 얼룩소들이 있고 연못에 오리들이 있고, 콜리종 개가 친근하게 짖으면서 꼬리를 흔들며 뛰어옵니다. 이런 식입니다. 장소 전체의 모양과 조직은 동일하게 남아 있습니다. 위에서 말한 여러 가지 대상 전체가 '물질적으로 변화'했음에도 불구하고 말입니다. 그런데 여행자 자신의 몸도 변했습니다. 사실 아이일 때의 몸은 정말 문자 그대로 "바람과 함께 사라졌습니다". 그러나 사라졌지만, 사라지지 않았습니다. 내가 예로 든 소설 같은 장면으로 계속 얘기해보겠습니다. 우리의 여행자는 이제 정착하고, 결혼하고, 어린 아들도 생길 것이며, 이 아이는 오래된 사진 속 어린 나이일 때의 그의 아버지와 꼭 같은 모습이겠지요.

이제 우리의 기본 입자들 그리고 원자나 작은 분자같

이 입자들로 구성된 작은 조직들로 다시 돌아가보겠습니다. 이들에 대한 **오래된** 관념은 **이들의** 개체성이 그 안에 있는 물질의 동일성에 기반하고 있다는 것이었습니다. 이런 가정은 불필요합니다. 거시적 물체의 개체성을 구성하는 것으로 우리가 막 발견한 것과는 대조적으로 거의 미신적인 무언가가 덧붙여진 것 같습니다. 거시적인 물체들의 개체성은 그런 조악한 물질주의적인 가정과는 관련이 없으며 그런 지원은 필요치 않습니다. **새로운** 개념은 이렇습니다. 기본 입자 혹은 작은 응집물에서는 그것의 모양과 조직만이 영원하다는 것입니다. 일상 언어 습관은 우리를 기만하고 그래서 '모양' 혹은 '형태'라는 말이 발음되어 들릴 때마다 이는 **어떤 것**의 모양이나 형태여야 한다고, 어떤 물질적인 토대가 모양을 띨 필요가 있다고 습관적으로 생각하는 것 같습니다. 과학적으로 이러한 습관은 아리스토텔레스의 **질료인**causa materialis과 **형상인**causa formalis까지 거슬러 올라갑니다. 그러나 여러분이 물질을 구성하는 기본 입자에 이르면, 해당 입자들이 어떤 물질을 구성한다고 다시 생각한다고 해도 아무 소용이 없을 것 같습니다. 말하자면 기본 입자들은 **순수한 모양** 오직 모양입니다. 연달아 관찰해볼 때 계속해서 다시 나타나는 것은 이러한 모양이지, 개별적인 물질 덩어리가 아닙니다.

우리가 만든 '모형'의 본질

여기서 우리는 물론, 형태(혹은 **게슈탈트**)를 기하학적인 형태보다는 훨씬 더 넓은 의미로 이해해야 합니다. 사실 우리는 입자 혹은 심지어 원자의 **기하학적인 모양과 관련된 관측을 한 적이 없습니다**. 원자를 **생각하면서**, 관측된 사실에 부합하는 이론의 윤곽을 잡아보면서, 우리가 매우 자주 칠판이나 종이에 혹은 더 빈번하게 머릿속으로 기하학적인 모양을 그리는 것은 사실입니다. 그림의 세부 사항들은 훨씬 더 정확할 뿐 아니라, 연필이나 펜으로 그릴 수 있는 것보다 훨씬 더 솜씨 좋게 만들어진 수학 공식으로 주어집니다. 이건 사실입니다. 그러나 이런 그림에서 드러나는 기하학적인 모양은 실제 원자에서는 결코 직접 관찰할 수가 없습니다. 그런 그림들은 정신의 도움, 생각의 도구, 중간 수단일 뿐이며, 그것을 이용하여 지금까지 수행된 실험 결과로부터 우리가 계획하는 실험 결과에 대한 합리적인 기대를 추론할 수 있습니다. 우리 예측이 맞는지 틀린지, 그래서 예측이 합리적인지 비합리적인지, 그래서 우리가 사용하는 그림들 혹은 모형들이 **적합한지 아닌지** 알아보려고 우리는 실험을 계획합니다. 우리는 '**참되다**'라고 말하기보다 '**적합하다**'고 말하기를 더 선호한다는 것에 주목하십시오. 어떤 서술이 **참되려면**, 실제 사실들과 **직접** 비교할 수 있어야 합니다. 우리가 만드는 모형의 경우에는 대체로 그렇지 않습니다.

그러나 내가 말했듯이, 우리는 모형에서 관찰할 수 있는 특징들을 추론해내기 위해 모형을 사용합니다. 물질적인 물체들의 영구적인 모양이나 형태 혹은 조직을 구성하는 것은 바로 이것(관찰 가능한 특성들)입니다. 그리고 이 특징들은 대부분 '물체를 구성하는 작은 물질 조각들'과는 아무 상관이 없습니다.

철 원자를 예로 들어보겠습니다. 철 조직에서 아주 흥미롭고 매우 복잡한 부분을 다음과 같은 방식으로, 반복해서 변치 않고 영원히 펼쳐 보일 수 있습니다. 작은 철(혹은 철염) 조각을 전기 가마에 넣고 강력한 광학 격자가 만들어내는 스펙트럼 사진을 찍어보면, 수만 개의 가느다란 분광선이 나타납니다. 다시 말해 이런 높은 온도에서 철 원자 하나가 방출하는 빛에 담긴 수만 개의 특정 파장들을 볼 수 있습니다. 이 파장들은 언제나 같고 완전히 동일해서, 잘 알려져 있는 것처럼, 이를 이용하여 별에서 나오는 분광선으로부터 어떤 화학 원소들이 포함되어 있는지를 알아낼 수 있습니다. 가장 강력한 현미경으로도 원자의 기하학적인 모양은 전혀 알아낼 수 없지만, 원자의 분광선에서 드러나는 전형적이고 영구적인 구성은 수천 광년 떨어진 곳에서도 알아낼 수 있습니다!

여러분은 철 같은 어떤 원소의 전형적인 분광선이 그 원소의 거시적인 속성, 즉 백열증기(빛을 방출하는 증기)의 속성에 불과하며, 이러한 현상은 (단일 원자들로 구성되어 있는) 뭉뚱그려진 원소의 구조와는 아무 상관이 없고, 완전히 고립된 단일 원자로부터 방출되는 빛을 관측한 사람은 아직 아무도 없다고 말할 것입니다. 맞는 말입니다. 하지만 나는 이제 여러분에게 물질 이론을 상기시켜야겠습니다. 현재 수용되고 있듯이, 물질 이론에서는 이런 다양한 단색 광선 방출이 단일 원자 때문이라고 봅니다. 우리가 백열증기에서 각기 다른 파장을 관찰하는 원인이 단일 원자의 기하학적이며 역학적이며 전기적인 구성 때문이라는 말입니다. 물리학자들은 이것을 뒷받침하고자 이러한 분광선이, 증기가 희박한 상태에서 원자들이 널찍이 떨어져 서로 간섭하지 않을 때에야 비로소 관측된다는 사실을 대단히 강조해서 지적합니다. 온도가 같다면 빛을 내는 고체 혹은 액체 상태의 철이 방출하는 빛의 스펙트럼은 연속적입니다. 다른 모든 고체나 액체도 마찬가지입니다. 뚜렷한 분광선들이 완전히 사라지거나 완전히 흐릿해집니다. 이는 주변에 있는 원자들 사이에서 상호 교란이 있기 때문입니다.

그러면 여러분은 다음과 같이 물을 것입니다. (대략 이론에 부합하는) 선 스펙트럼을 관측하는 것은, 우리가 이론적으로 기술하는 철 원자들이 실제로 **존재하며**, 그런 철 원자들이 기체 이론에서 주장하는 방식으로 그 백열증기를 구성한다는 점을 입증하는 **정황증거**라고 간주해야 할까요? 분광선을 방출하는 특별한 구조를 가지고 있는 **어떤**

것의 작은 덩어리가 서로 멀리 떨어져 있으며, **아무것도 없는 곳**에 놓여 있고, 이리저리 날아다니다 가끔 벽에 부딪히기도 하는 등 그런 식으로 말입니다. 그것이 빛을 내는 철 증기의 **참된** 그림일까요?

앞서 내가 했던 이야기를 더 일반적인 맥락에서 이어가보겠습니다. 그것은 확실히 **적절한** 그림입니다. 하지만 그것의 **참됨**과 관련하여 물어야 할 적절한 질문은 '그것이 진리인가 아닌가'가 아니라, '그것이 도대체 진리 혹은 거짓일 수 있는가'입니다. 아마도 아닐 것입니다. 우리는 이해할 수 있는 방식으로 종합할 수 있는 그림, 그리고 우리가 얻으려 애쓰는 새로운 것에 대한 합리적인 예측 결과를 제공하는 적절한 그림 이상을 기대할 수는 없을 것입니다.

유능한 물리학자들이 오래전에, 19세기 내내 그리고 금세기 초반을 지나오면서 반복해서 매우 유사한 선언들을 해 왔습니다. 그들은 **분명한** 그림을 얻고자 욕심을 내면 필히 부적절한 세부 사항들이 훼방을 놓는다는 것을 알고 있었습니다. 말하자면, 그런 쓸데없는 추가 사항들이 운이 좋아서 '옳음'이 밝혀지는 일은 '대단히 일어나기 어려운' 일입니다. 루트비히 볼츠만은 그 점을 무척이나 강조했습니다. 언제나 불완전하고 간접적일 수밖에 없는 실험 증거로는 자연이 실제로 어떤 모습인지 추측할 수 없다는 것을 잘 알고 있지만, 볼츠만은 자신의 모형에 대해 아주 정확하게, 어린아이에게 설명하듯이 세심하게 설명해주겠다고 말할 것입니다. 절대적으로 정밀한 모형이 없으면 생각 자체가 명확하지 않게 됩니다. 그리고 모형에서 도출되는 결과도 모호해집니다.

그러나 당시의 태도는—아마도 철학적으로 가장 앞서 있었던 몇 사람을 제외하고는—현재의 태도와는 달랐고, 역시나 상당히 순진했습니다. 우리가 마음속으로 생각하는 어떤 모형도 결함이 있고 조만간 수정될 것이라고 확고히 주장하면서도, 사람의 마음속에는 참된 모형이—말하자면 플라톤의 이데아의 영역에 존재하는—있을 거라는 생각, 우리가 참된 모형에 점진적으로 다가간다는 생각, 그러나 인간은 불완전하기에 절대로 도달할 수는 없다는 생각이 있습니다.

이런 태도는 이제 폐기되었습니다. 우리가 경험했던 실패의 요인은 더 이상 세부 사항에 기인한 것이 아니라 더 보편적인 종류입니다. 우리는 다음과 같이 요약할 수 있는 어떤 상황을 완전히 알게 되었습니다. 우리 마음의 눈은 작디작은 공간과 짧디짧은 시간만을 이해하기 때문에, 자연이 주변에서 보고 만질 수 있는 물체들에서 관찰되는 바와 전혀 다르게 거동한다고 생각하게 됩니다. 우리의 거시적인 경험을 재료로 만든 모형은 **어떤** 것도 '참'이 될 수 **없겠지요**. 전적으로 만족스러운, **그런 유형의** 모형은 현실적으로 접근 불가능할 뿐만 아니라 생각할 수조차 없습니다. 혹은 정확히 말하면, 우리는 물론 완벽한 모형을 생각할 수는 있지만, 설령 생각해내더라도 그 모형은 옳지 않습니다. '세모난 원'만큼 전혀 의미 없는 정도는 아닐지라도, '날개 달린 사자'보다는 더 심하게 옳지 않겠지요.

연속적인 서술과 인과성

이 문제를 좀 더 분명히 설명해보겠습니다. 물리학자들은 거시적 차원의 우리 경험 그리고 기하학과 역학(특히 천체 역학)의 개념으로부터, 어떤 물리적 현상에 대한 분명하고 완벽한 서술이 충족해야 할 단 하나의 요건을 추출해냈습니다. 그것은 시간의 모든 순간과 공간의 모든 위치에서 일어나는 일을 정확하게 알려주어야 한다는 것입니다. 물론 우리가 서술하고자 하는 물리적 사건이 점유하는 공간 범위와 지속 시간 안에서입니다. 이러한 요건을 **서술의 연속성 가정**이라고 부릅니다. 충족시킬 수 없어 보이는 것이 바

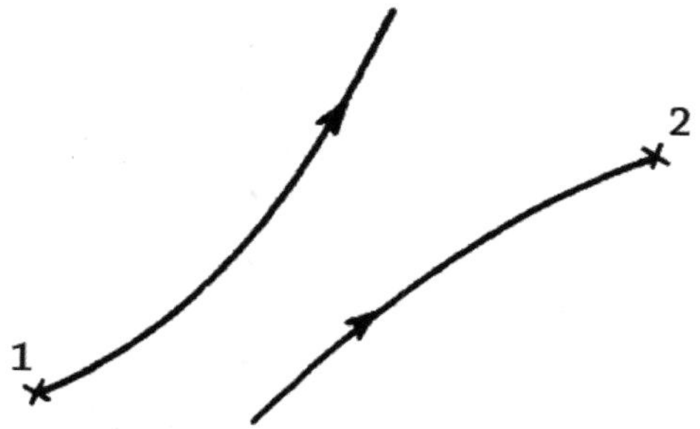

그림 2

로 이 연속성 가정입니다! 늘 그렇듯이 우리가 그리는 그림에는 빈틈이 있습니다.

이것은 앞에서 입자나 심지어 원자조차도 개체성이 없다고 말한 것과 밀접하게 연관되어 있습니다. 만약 내가 지금 여기서 한 입자를 관측하고, 잠시 후에 앞의 위치와 아주 가까운 곳에 있는 비슷한 입자 하나를 관측한다면, 나는 이것이 '동일한 것'인지 확신할 수 없을 뿐만 아니라 이 언명은 절대적인 의미를 갖지 않습니다. 이 말은 터무니없어 **보입니다**. 왜냐하면 우리는, 두 번의 관측 사이의 모든 순간에 첫째 입자가 **어딘가에** 있음이 틀림없고, 우리가 알든 모르든 어떤 경로를 따라가는 것이 틀림없다고 생각하는 데 너무나 익숙하기 때문입니다. 마찬가지로 두 번째 입자도 어딘가로부터 왔으며 첫 번째 관찰을 하는 순간에 어딘가에 있었음이 틀림없습니다. 그래서 원리적으로는 두 경로가 동일한지 아닌지, 그래서 그것이 동일한 입자**인지 아닌지** 결정되어야 혹은 결정될 수 있어야 합니다. 다시 말해서 우리는, 감지할 수 있는 물체에 적용하는 사고 습관에 따라, 입자를 **연속적으로 관찰하여** 양자의 동일성을 확인할 수 있다고 가정합니다.

이것은 우리가 떨쳐버려야 할 사고 습관입니다. **우리는 연속적인 관측의 가능성을 인정해서는 안 됩니다.** 관측들은 별개의 분리된 사건으로 간주되어야 합니다. 관측들 사이에는 채울 수 없는 틈이 있습니다. 연속적인 관측 가능성을 인정할 경우 모든 것을 뒤집어엎어야 하는 사례들이 있습니다. 그렇기에 나는 입자를 영원한 실체가 아니라 순간적인 사건으로 간주하는 편이 낫다고 이야기했습니다. 때로 이런 사건들은 영원한 존재라는 환상을 주는 연결고리를 형성합니다. 그러나 오직 특수한 상황에서 단일한 개별 사건의 극히 짧은 시간 동안만 그럴 수 있습니다.

내가 앞서 했던 더 일반적인 서술로 돌아갑시다. 다시 말해, 고전물리학자의 순진한 이상, 원칙적으로 시간상 모든 순간에 공간상 모든 점에 대한 정보를 어쨌든 **생각할** 수는 있다는 물리학자의 희망은 실현될 수 없습니다. 이러한 이상이 깨지면 매우 중대한 결과가 나타납니다.

이러한 서술의 연속성이라는 이상이 의심되지 않던 시대였기 때문에 물리학자들은 과학의 목적을 위해 **인과성의 원리**를 매우 명료하고 정확하게 공식화하는 데 이를 사용했습니다. 그것은 물리학자들이 이용할 수 있는 유일한 방식이었지만, 너무나 모호하고 부정확한 일상적 주장이었습니다. 그것은 이런 형태로 '근접작용close action'의 원리(혹은 원격작용actio in distans의 결여)를 포함하며 다음과 같이 서술됩니다. "어떤 주어진 순간에 **모든** 점 P에서 정확한 물리적 상황은 모든 앞선 시간, 말하자면 t—τ에서 점 P 주변의 특정 영역 내에서 정확한 물리적인 상황에 따라 분명하게 결정된다." 만약에 τ(타우)가 크면, 즉 앞선 시간이 아주 멀리 떨어져 있다면, P 주변의 넓은 영역에 대해 이

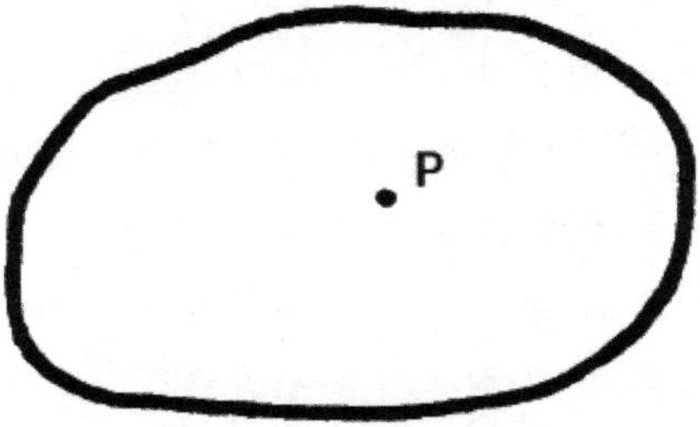

그림 3

전 상황이 어땠는지 알 필요가 있을 것입니다. 그러나 '영향 영역'은 τ가 작을수록 점점 더 작아지고, τ가 극소가 되면 영향 영역도 극소가 됩니다. 혹은 덜 정확하긴 해도 보통의 말로 하자면, 주어진 순간에 모든 곳에서 일어나는 일은 오로지 그리고 확실히 '바로 직전에' 아주 가까운 곳에서 일어난 일에만 의존합니다. 고전물리학은 완전히 이 원리에 기초를 두었습니다. 이 원리를 구현하는 수학적인 도구는 언제나 연립편미분방정식, 즉 소위 장방정식이었습니다.

연속적이고 '빈틈이 없는' 서술이라는 이상이 허물어지면, 인과성 원리의 정확한 공식화가 무너지는 것도 자명합니다. 이런 사고 질서 속에서 인과와 관련하여 새롭고 전례 없는 어려움을 만난다고 해서 놀라면 안 됩니다. 우리는 (알다시피) 엄격한 인과관계에도 빈틈이나 허점이 있다는 언명에 맞닥뜨리기도 합니다. 이것이 최종 결론인지 아닌지는 판단하기 어렵습니다. 어떤 사람들은 의문이 결코 해결되지 않는다고 믿습니다. (그런데 이들 중에는 알베르트 아인슈타인이 있죠.) 잠시 후에 현재의 미묘한 상황에서 탈출하는 데 사용되는 '비상 출구'에 대해서 얘기하겠습니다. 지금은 연속 서술이라는 고전적인 이상에 대한 이야기를 좀 더 덧붙이고 싶습니다.

연속체의 복잡성

상실이 아무리 고통스러워도, 상실함으로써 우리는 상실할 만한 것을 상실하는 것일지도 모릅니다. 그것은 단순해 보입니다. 왜냐하면 연속성 개념 자체가 단순해 보이기 때문입니다. 우리는 연속성에 내포된 어려움들을 왠지 모르게 잊어버렸습니다. 이는 아주 어릴 때 받은 적절한 훈련 때문입니다. '0과 1 사이의 모든 수'나 '1과 2 사이의 모든 수'와 같은 생각은 우리에게 아주 익숙하죠. 우리는 0에서 P 혹은 Q와 같은 점까지의 거리처럼 그것을 그냥 기하학적으로 생각합니다(그림 4).

Q와 같은 점들 중에는 $\sqrt{2}$ (=1.414…)도 있습니다. $\sqrt{2}$ 같은 수를 두고 피타고라스와 그의 학파 사람들은 너무나 걱정해서 녹초가 될 지경이었다고 합니다.

어릴 때부터 그런 이상한 숫자들에 익숙해지면, 우리는 이러한 고대 현자들의 수학적인 직관 같은, 수준 낮은 생각을 하지 않으려고 조심할 수밖에 없습니다. 그들의

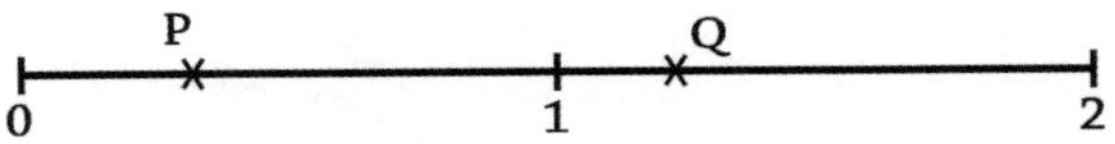

그림 4

걱정은 매우 존경할 만합니다. 제곱해서 정확히 2가 되는 분수가 없다는 사실을 그들은 알고 있었죠. 여러분은 최대한의 근사치를 제시할 수 있습니다. 예를 들어 $\frac{17}{12}$을 제곱하면 $\frac{289}{144}$가 되며, 이 값은 $\frac{288}{144}$, 즉 2에 아주 가깝습니다. 17과 12보다 더 큰 수로 분수를 만들어 본다면 더 가까운 값을 얻을 수 있겠지만, 결코 **정확히 2**를 얻지는 못할 것입니다.

연속적인 범위라는 개념은, 우리 시대의 수학자들에게 아주 익숙하지만, 아주 터무니없는 것이고 우리가 실제로 접근할 수 있는 것으로부터 추정한 것입니다. 연속적인 범위, 예를 들어 0과 1 사이에 있는 **모든** 점에 대해 어떤 물리적인 양—온도, 밀도, 퍼텐셜, 장의 세기, 혹은 뭐든지간에—의 정확한 값을 **정말로** 지정해야 한다는 생각은 과도한 추정일 뿐입니다.

우리는 매우 제한된 수효의 점에 대해 어림으로 양을 결정하여 '그 점들을 지나는 완만한 곡선을 긋는 것' 외에는 할 수 있는 것이 없습니다. 이것은 많은 실용적 목적에 적합하지만, 인식론적 관점이나 지식 이론의 관점에서 보면 정확히 연속적이라고 여겨지는 서술과는 전혀 다릅니

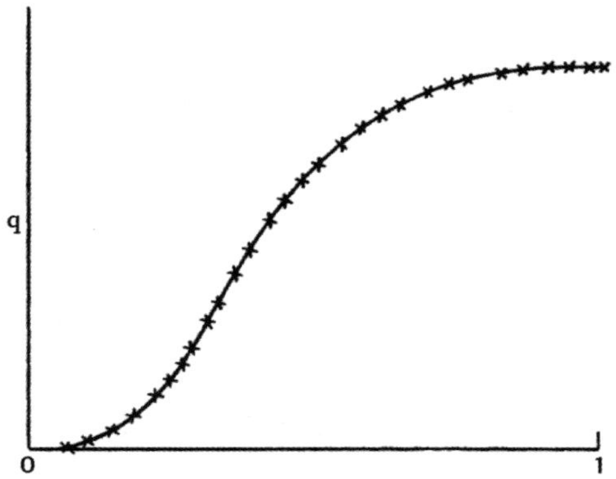

그림 5

다. 고전물리학에서조차, 가령 온도나 밀도처럼, 정확한 연속적 서술이 공공연하게 허용되지 않는 양들이 있다는 점을 덧붙여야겠습니다. 다만 이 경우는 이 용어들이 나타내는 개념화에서 비롯된 것입니다. 고전물리학에서도 이 용어들은 통계적인 의미밖에 없기 때문입니다. 지금은 이 문제로 자세히 들어가지는 않겠습니다. 혼란을 일으킬 것이기 때문입니다.

수학자들이 자신의 단순한 심적 구성물 일부를 간단히 연속적인 서술로 나타낼 수 있다고 주장하기 때문에 연속적인 서술에 대한 요구가 더 커졌습니다. 0 → 1 범위를 다시 예로 들어보죠. 이 범위에 있는 변수를 x라고 합시다. 그러면 가령 x^2 혹은 $\sqrt{x}$는 모호하지 않은 개념이라고 우리는 주장합니다. 이 두 곡선은 포물선의 일부이며,

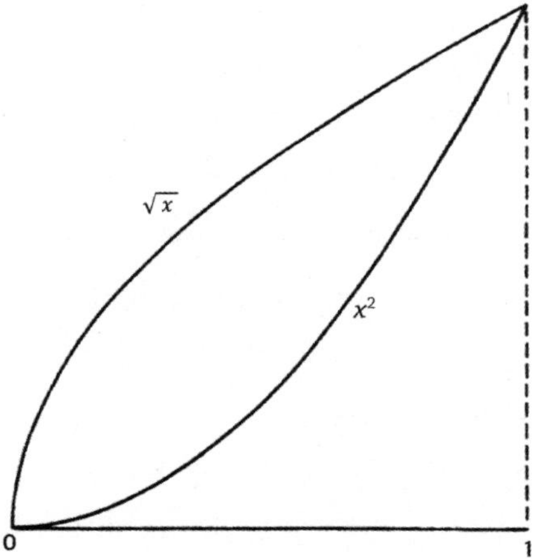

그림 6

서로의 거울 이미지입니다. 우리는 그런 곡선의 모든 점을 완전히 알고 있다고 주장합니다. 즉 **주어진** 수평 거리(가로축)에 대하여 **요구되는 정확도에 맞춰** 높이(세로축)를 나타낼 수 있습니다. 그러나 '주어진'과 '요구되는 정확도에 맞춰'라는 말에 주의하세요. '주어진'이 의미하는 바는, '필요하면 답을 줄 수 있다'라는 뜻입니다. 즉 여러분을 위해 모든 답을 미리 준비해둘 수는 없다는 뜻입니다. '요구되는 정확도에 맞춰'는 '그렇다고 할지라도, 우리는 원칙적으로 여러분에게 절대적으로 정확한 답을 줄 수는 없다'라는 뜻입니다. 예를 들어 소수점 천 번째 자리와 같이 여러분이 원하는 정확도가 어느 정도인가를 알려줘야 합니다. 그러면 우리는 여러분에게 답을 줄 수 있습니다. 우리에게 시간을 넉넉히 주면 말입니다.

물리적 의존성은 이런 단순한 종류의 함수로 항상 어림할 수 있습니다(수학자는 이런 함수를 '해석적' 또는 '분석적 analytical'이라고 부르는데, 이는 '이 함수가 분석될 수 있다'는 뜻입니다).[3] 그러나 물리적 의존성이 이런 단순한 유형**이라고** 가정하는 것은 과도한 인식론적인 도약이며, 아마도 용납할 수 없는 도약일 것입니다.

그런데 가장 큰 개념상 어려움은 요구되는 '답'이 엄청나게 많다는 점입니다. 연속 범위가 아무리 작아도 여기에는 엄청나게 많은 점이 있기 때문입니다. 이런 양—예를 들어 0과 1 사이에 있는 점의 개수—은 굉장히 커서, 설사 여러분이 '거의 모든 점'을 제거해도 별로 줄어들지 않을 것입니다. 한 가지 인상적인 사례를 들어보겠습니다.

다시 직선 0 → 1을 마음속에 그려봅시다. 여러분이 점들 중 일부를 제거하거나 가리거나 제외하거나 접근할 수 없게 하거나 뭐든 그렇게 할 때 **남게 되는** 어떤 점들의 집합을 서술하려고 합니다. 나는 '제거한다'라는 말을 쓰겠습니다.

먼저 왼쪽 경계점($\frac{1}{3}$)을 포함하여 가운데의 3분의 1

3 해석함수는 정의역 전체에서 연속이며 무한번 미분가능한 함수로 정의되며, 이는 함수를 아주 작은 점 근방에서의 성질을 이용하여 분석할 수 있음을 의미한다. (옮긴이 주)

그림 7

전체, 즉 $\frac{1}{3}$부터 $\frac{2}{3}$까지를 제거하되 오른쪽 경계점 $\frac{2}{3}$는 **남깁니다**. 남은 3분의 2에서 다시 '가운데 $\frac{1}{3}$'과 왼쪽 경계점들을 제거합니다. 그러나 오른쪽 경계점은 남겨 둡니다. 남아 있는 '9분의 4'에도 똑같이 합니다. **이런 식으로 계속합니다**.

여러분이 실제로 몇 단계만 계속해보면 곧 '남는 게 없다'고 느낄 겁니다. 사실 매 단계마다 우리는 남아 있는 길이의 3분의 1을 없앱니다. 이제 소득세 조사관이 처음 여러분에게 1파운드에 대해 6실링[4] 8펜스의 세금을 부과하고 나머지에 대해서 다시 6실링 8펜스의 세금을 부과하고 … 이렇게 무한히 계속한다고 가정해본다면, 별로 남는 게 없으리라는 데 동의할 것입니다.

이제 우리의 사례를 분석해봅시다. 여러분은 우리의 숫자 혹은 점이 얼마나 남았는지 보면 깜짝 놀랄 것입니

4 영국에서 아주 오래전부터 사용한 회계 단위. 실물 동전으로 유통된 때는 16세기 초이다. 1실링은 1/20파운드, 12펜스와 맞먹는다. 영국이 십진법을 도입하며 1실링은 5펜스로 가치절하되었고, 이에 맞는 5펜스 동전까지 등장하면서 기존에 발행된 통화만 유통되다가 1991년 12월 말 후로는 더 이상 사용되지 않았다. 슈뢰딩거가 이 강연을 했던 무렵에는 실링이 사용되고 있었다. (옮긴이주)

다. 여기에 약간의 준비가 필요하다는 점이 안타깝습니다. 0과 1 사이에 있는 수는 가령 다음과 같이 소수점으로 표현될 수 있습니다.

$$0.470802\cdots$$

그리고 이것은 다음을 의미합니다.

$$\frac{4}{10}+\frac{7}{10^2}+\frac{0}{10^3}+\frac{8}{10^4}+\cdots$$

손가락이 열 개라는 순전한 우연 때문에, 우리는 여기서 숫자 10을 습관적으로 사용합니다. 우리는 10대신 8, 12, 3, 2… 같은 다른 수도 '밑'으로 사용할 수 있습니다. 물론 우리는 선택된 '밑'에 이르기까지의 모든 수에 대해 서로 다른 상징기호가 필요합니다. 십진법에서 우리는 열 개의 숫자, 즉 0, 1, 2, … 9가 필요합니다. 우리가 진법의 밑으로 12를 사용한다면, 10과 11을 가리키는 별도의 기호를 만들어야 합니다. 팔진법을 사용한다면, 8과 9는 불필요한 기호가 되겠지요.

십진법이 대세가 되었어도 비십진 분수가 전부 축출된 것은 아닙니다. 이진 분수, 즉 2를 밑으로 하는 분수가 아주 많이 사용되는데, 특히 영국에서 많이 씁니다. 내가 일전에 재단사에게 막 주문한 플란넬 바지를 만들기 위해 천을 얼마나 가져다주어야 하는지 물었을 때 그는 놀랍게도 1야드라고 대답했습니다. 이 수는 이진수 1.011로 표시되고 이진 분수로는 다음과 같습니다.

$$1+\frac{0}{2}+\frac{1}{4}+\frac{1}{8}$$

이와 같은 방식으로 주식 시황도 실링이나 펜스가 아니라 이진 분수 파운드로 거래합니다. 예를 들어 £$\frac{13}{16}$는 이진법으로 표시하면 0.1101이고

$$\frac{1}{2}+\frac{1}{4}+\frac{0}{8}+\frac{1}{16}$$

을 의미합니다. 이진 분수에는 단 두 개의 상징기호, 즉 0과 1만이 있다는 것을 알아두세요.

앞에서 고찰한 선분의 제거를 위해서는 **삼진** 분수가 필요합니다. 이것은 밑이 3이며 단 세 개의 숫자 0, 1, 2만 사용합니다. 예를 들어 0.2012…는

$$\frac{2}{3}+\frac{0}{9}+\frac{1}{27}+\frac{2}{81}+\cdots$$

를 의미합니다. (점을 덧붙임으로써 우리는 가령 2의 제곱근처럼 무한히 뻗어가는 분수를 의도적으로 인정하고 있습니다.) 그림 7의 선분에서 '거의 사라진' 숫자들을 설명하는 문제로 돌아가보겠습니다. 조금만 주의를 기울여 생

각해보면, 우리가 **제거한** 점들은, **어딘가에** 숫자 1을 포함하는 **삼진수**라는 것을 알 수 있습니다. 실제로 중간의 3분의 1을 잘라냄으로써 우리는 0.1…로 시작하는 삼진 분수를 모두 잘라냈습니다.

두 번째 단계에서는 0.01… 혹은 0.21…로 시작하는 삼진 분수를 모두 제거했습니다. **이런 식으로 계속해 나가면 남는 것이 있음이 드러납니다.** 말하자면 1을 포함하지 않지만 0과 2는 포함하는

$$0.22000202\cdots$$

(여기에서 이 점들은 0이나 2만 나타냅니다.)와 같은 삼진 분수 전부입니다. 물론 이들 중에서 제외된 간격의 **오른쪽** 경계 점들($0.2=\frac{2}{3}$ 혹은 $0.22=\frac{2}{3}+\frac{2}{9}=\frac{8}{9}$)이 있습니다. 우리는 그 경계점들은 남겨 두기로 결정한 바 있습니다. 그러나 더 많은 점들이 있습니다. 예를 들어 **주기적인** 삼진수 $0.\dot{2}\dot{0}$은 0.20202020… 이렇게 **무한히** 이어진다는 뜻입니다. 이것은 아래의 무한급수입니다.

$$\frac{2}{3}+\frac{2}{3^3}+\frac{2}{3^5}+\frac{2}{3^7}+\cdots$$

이 값을 구하기 위해 3의 제곱, 즉 9를 곱한다고 생각해봅시다. 그러면 처음 항은 $\frac{18}{3}$, 즉 6이 되고, 나머지 항은 다시 동일한 급수가 됩니다. 따라서 우리의 급수의 **여덟** 배가 6

이 되고, 우리의 수는 $\frac{6}{8}$ 또는 $\frac{3}{4}$이 됩니다.[5]

그렇지만 우리가 '제거한' 간격이 0과 1 사이의 **전체** 간격과 맞먹는다는 것을 다시 떠올려보면, 다음과 같이 생각할 수 있습니다. 원래 집합(0과 1사이의 **모든** 수를 포함하는)과 비교해보면, 나머지 집합은 '대단히 듬성듬성'해야만 합니다. 그러나 이제 놀라운 전환이 일어납니다. 어떤 의미에서 나머지 집합은 여전히 원래 집합만큼 방대합니다. 실제로 원래 집합의 수 각각에 나머지 집합의 특정 수를, 하나도 남기지 않고 일대일로 짝을 지어 쌍으로 연결할 수 있습니다(수학자는 이것을 '일대일 대응'이라고 부릅니다). 너무나 당혹스러운 일이라 확신컨대 많은 독자들이 처음에는 자신이 잘못 이해한 것이 **틀림없다고** 생각할 것입니다. 가능한 한 모호하지 않게 설명하느라 애를 썼는데도 말입니다.

어떻게 이럴 수 있는 걸까요? 자, '나머지 집합'은 0과 2만을 포함하는 **모든 삼진** 분수로 표현됩니다. 우리는 일반적인 예 0.22000202…(점은 0과 2만을 나타냄)를 보았습니다. 이 삼진 분수 값에서 2를 모두 1로 대체함으로써 얻어진 이진 분수 0.11000101…을 삼진 분수와 연관 지어봅시다. 반대로 **어떤** 이진 분수에서도 1을 2로 바꿈으로써 우리가 '나머지 집합'이라고 불렀던 유한한 수를 삼진법으로

5 위의 무한급수를 s라고 하고 양변에 3의 제곱인 9를 곱하면 $9s=6+s$이므로 $(9-1)s=6$, 따라서 $s=\frac{6}{8}=\frac{3}{4}$를 얻는다. (옮긴이주)

쓸 수 있습니다. 이제 원래 집합, 즉 0과 1 사이의 모든 수는 유일무이한 하나[6]의 유한 이진 분수로 표현되므로, 두 집합의 수들 사이에 실제로 완벽한 일대일 짝짓기가 가능해집니다.

[‘짝짓기’ 사례를 들어 보여주는 게 유용하겠네요. 내 재단사가 사용한 이진수와 그에 대응하는 삼진수를 다시 보겠습니다.

이진수 $\frac{3}{8}=\frac{0}{2}+\frac{1}{4}+\frac{1}{8}=0.011$

삼진수 $0.022=\frac{0}{3}+\frac{2}{9}+\frac{2}{27}=\frac{8}{27}$

즉 원래 집합의 $\frac{3}{8}$은 나머지 집합의 $\frac{8}{27}$에 해당합니다. 거꾸로, 우리가 $\frac{3}{4}$으로 알고 있는 삼진수 $0.\dot{2}\dot{0}$을 봅시다. 대응하는 이진수 $0.\dot{1}\dot{0}$은 아래의 무한급수를 가리킵니다.

$$\frac{1}{2}+\frac{1}{2^3}+\frac{1}{2^5}+\frac{1}{2^7}+\frac{1}{2^9}+\cdots$$

만일 이 수에 2의 제곱, 즉 4를 곱한다면, 당신은 ‘2+**위와 동일한 급수**’를 얻을 것입니다. 다시 말해, 우리의 급수를 **3배** 하면 2와 같습니다. 즉 $\frac{2}{3}$와 같습니다. 다시 말해, ‘나머

6 암묵적으로 십진법 체계에서 0.1=0.09 혹은 0.8=0.79라고 쓰는 것과 같은 사소한 중복은 무시했다.

지 집합'의 수 $\frac{3}{4}$은 원래 집합의 수 $\frac{2}{3}$에 대응합니다(혹은 '짝이 됩니다').]

우리의 '나머지 집합'에 관한 놀라운 사실은, 그것이 측도가 있는 구간을 포함하지 않음에도 여전히 연속적 범위를 모두 포괄한다는 것입니다. 수학적인 언어로는 이러한 놀라운 성질들의 조합을, 우리의 집합이 '측도가 0'이더라도 연속체의 '잠재성'을 가진다는 말로 표현합니다.[7]

내가 이 사례를 든 이유는, 연속체가 가진 신비로운 무언가를 여러분이 느껴보길 바랐기 때문입니다. 그리고 자연을 정확히 기술하려고 사용한 개념의 명백한 실패에 너무 놀랄 필요는 없습니다.

임시변통으로 만들어낸 파동역학

이제 나는 여러분에게 현재 물리학자들이 이런 실패를 극복하는 사고방식에 대해 설명하겠습니다. 누구는 이를 두고 '비상구'라고 부를 수도 있겠습니다. 그러려던 것이 아니라 새로운 이론을 내놓으려고 의도했는데도 말이지요. 내 말은, 당연히 파동역학을 의미합니다. (에딩턴은 파동역학을 '물리학이 아니라 속임수, 그것도 아주 솜씨 좋은

7 수학에서 측도measure는 대략 구간의 길이와 같으며, '나머지 집합'은 모두 구간의 길이가 0이므로 측도가 0이라고 말한다. 이 집합은 1874년 아일랜드의 수학자 헨리 스미스가 처음 발표했다. 1883년 독일의 수학자 게오르크 칸토어가 이를 인용하여 논의했기 때문에 칸토어 집합이라 부른다. (옮긴이주)

속임수'라고도 불렀죠.)

상황은 이렇습니다. (입자와 빛과 모든 종류의 복사와 이들의 상호작용에 대해) 관찰된 사실은 공간과 시간에서 연속적으로 기술된다는 고전 이론에 **반하는** 것으로 보입니다. (물리학자에게라면 다음과 같은 예를 통해 설명할 수 있습니다. 1913년 보어의 유명한 선 스펙트럼 이론은 원자가 한 상태에서 다른 상태로 **갑자기** 전이할 때 수십만 개 파동으로 이뤄진 수십 센티미터 길이의 빛을 내보내며, 이런 전이에는 상당한 시간이 걸린다고 가정해야 했습니다. 이 전이가 일어나는 동안 원자에 대한 어떤 정보도 얻을 수 없습니다.)

따라서 관찰 사실들은 공간과 시간에 대한 연속적인 서술과 양립할 수 없습니다. 이것은 최소한 여러 사례에서 정말로 불가능해 보입니다. 다른 한편으로는, 불완전한 서술 즉 공간과 시간에 틈이 있는 그림으로부터는 명확하고 모호하지 않은 결론들을 끌어낼 수 없습니다. 이렇게 불완전한 서술은 흐릿하고 임의적이고 불명확한 생각으로 이어지게 됩니다. 그리고 그것은 아무리 큰 희생이 따르더라도 피해야만 하는 것입니다! 무엇을 해야 할까요? 현재 채택된 방법이 여러분에게 놀라워 보일지 모릅니다. 그것은 이렇게 정리해볼 수 있습니다. 즉 우리는 어떠한 틈도 없는 연속적인 공간과 시간이라는, 고전적 이상에 합치되는 완전한 서술, 다시 말해 **어떤 것**에 관한 서술을 제공합니다. 그러나 우리는 이 '어떤 것'이 관측한 사실 또는 관측할 수 있는 사실이라고 주장하지 않습니다. 그리고 자연(물질, 복사 등)이 정말 무엇**인지**에 대해 서술한다는 주장은 더더욱 하지 않습니다. 사실 우리는 이런 그림(소위 파동의 상)을 사용할 때 그것이 **어느 쪽도 아니라는 것**을 아주 잘 알고 있습니다.

파동역학의 이런 그림에는 틈이 전혀 없습니다. **인과관계**에도 틈이 전혀 없습니다. 파동의 상은 완전한 결정론에 대한 고전적인 요구에 부합합니다. 사용된 수학적인 방법은 장방정식입니다. 곧잘 매우 일반화된 유형의 장방정식이긴 하지만 말입니다.

하지만 앞에서 말했듯이 관측 가능한 사실들이나 자연이 정말 어떤 모습인지 알려준다고 믿을 수 없는 그런 서술이 무슨 쓸모가 있을까요? 여하간 그런 서술이 관찰된 사실들과 그 사실들의 상호 의존성에 관한 **정보**를 우리에게 준다고 믿습니다. 낙관적인 관점, 즉 그런 서술이 관측 가능한 사실들과 이 사실들의 상호 의존성에 대해 얻을 수 있는 **모든** 정보를 준다는 관점이 있습니다. 그러나 이 관점은—옳든 아니든—원칙적으로 모든 습득 가능한 정보를 가질 수 있다고 우리가 자신하는 한에서만 **낙관적**입니다. 이는 다른 관점에서는 비관적입니다. 인식론적 비관주의라고 말할 수 있습니다. **왜냐하면 관측 가능한 사실들의 인과적 의존과 관련해 우리가 얻을 수 있는 정보는 불완전하기 때문입니다.**

(갈라진 발굽은[본색은] **어딘가에서** 드러나게 되어 있습니다!) 파동의 상에서 제거된 틈은 파동 그림과 관측 가능한 사실들을 연결하는 지점으로 물러나버렸습니다. 관측 가능한 사실들은 파동 그림과 일대일로 대응하지 않습니다. 모호한 것이 많이 남아 있고, 앞에서 말했듯이 몇몇 낙관적인 비관론자들 혹은 비관적인 낙관론자들은 이러한 모호함이 필수적이며 피할 수 없다고 믿습니다.

이것이 현재의 논리적인 상황입니다. 사례를 들지 않으면 전체적으로 생기가 떨어진다는 것을 나도 알지만, 이 상황을 내가 정확하게, 그저 순수하게 논리적으로 서술했다고 나는 믿습니다. 물질의 파동 이론에 대해 너무 비판적인 인상을 주지 않았나 걱정되기도 하는군요. 두 가지를 보충하겠습니다. 파동 이론은 어제 만들어진 것도 아니고 25년 된 것도 아닙니다. 그것은 빛의 파동이론(하위헌스, 1690년)으로 처음 등장했습니다. 지난 100년[8] 대부분의 기간 동안 빛 파동은 이론의 여지가 없는 실재로, 빛의 회절과 간섭에 대한 실험에 의해 조금의 의심도 없이 증명된, 정말로 존재하는 것으로 간주되었습니다. 오늘날에도 많은 물리학자가 "빛 파동은 실제로 존재하지 않으며, 단지 지식의 파동일 뿐이다."(진스 경의 말을 자유롭게 인용)라는 말을 지지할 준비가 되어 있다고 나는 생각하지 않습니다.

8 지금으로부터 바로 직전 100년을 말하는 것이 아니다. 뉴턴의 권위가 약 1세기 동안 하위헌스의 이론을 가리고 있었다.

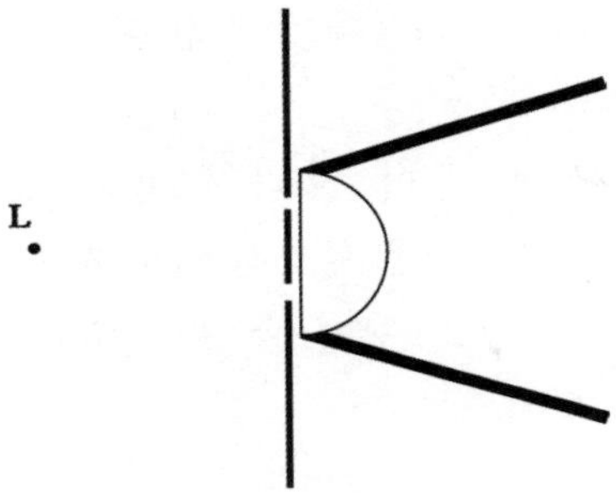

그림 8

실험물리학자라면 더더욱 그럴 겁니다.

몇 천분의 1밀리미터 굵기의 백금철사[9]로 만든 가느다란 발광체 L을 현미경으로 관찰한다고 해봅시다(그림 8). 이 현미경의 대물렌즈는 서로 평행한 한 쌍의 실틈이 있는 스크린으로 덮여 있습니다. 그러면 (L과 짝을 이루는 상의 평면에서) 색색의 무늬를 볼 수 있습니다. 이 무늬는 특정 색의 빛은 특정한 단파장의 파동 운동, 그러니까 보라색의 파장이 가장 짧고 빨강색은 보라색보다 파장이 두 배 정도 더 긴 파장의 파동 운동이라는 생각에 정확하게 그리고 양적으로도 부합합니다. 이 실험은 같은 생각을 지지하는 수십 개의 실험 중 하나입니다. 그러면 왜

9 백금을 은으로 감싸서 만든 매우 가는 철사로, 민감한 계측 장치에 이용된다. 19세기 초 영국의 물리학자 윌리엄 하이드 울러스턴William Hyde Wollaston(1766~1828)이 발명하여 울러스턴선Wollaston wire이라고도 한다. (옮긴이주)

파동의 이런 **실재성**에 의심을 품게 된 걸까요? 이유는 다음 두 가지입니다.

(a) 비슷한 실험들이 (빛 대신) 음극선으로 수행되었습니다. 그리고 음극선은 알려진 바와 같이 **명백하게** 단일 전자로 이루어져 있죠. 단일 전자는 윌슨의 안개상자 안에서 '궤적'을 남깁니다.

(b) 빛 자체가 또한 광자(빛알, photon. 그리스어로 포스 φῶς는 빛이다)라고 부르는 단일 입자들로 구성되어 있다고 가정할 만한 이유가 있습니다.

이에 반하여, 그렇기는 하지만 **두** 경우 모두 파동 개념은 피할 수 없다고 주장할 수도 있습니다. 여러분이 간섭 무늬를 설명하고자 한다면 말입니다. 또한 입자들은 각각 식별할 수 있는 대상이 아니며, 이들은 파면 내에서 일어나는 폭발 같은 사건으로 간주될 수 있다고 주장할 수도 있습니다. 그러니까 폭발을 통해 파면 자체가 관찰될 수 있는 것이지요. 따라서, 이 사건들은 어느 정도 우연히 발생하는 것이며, 이것이 관측들 사이에 엄밀한 인과관계가 없는 이유라고 주장할 수도 있습니다.

빛과 음극선, 두 실험에서 모두 일어나는 현상을, 왜 단일하고 개별적이고 **영원히 존재하는** 입자 개념으로 이해할 수 없는지 더 자세히 설명해보겠습니다. 내가 말하는 '틈'과 입자의 '개체성 상실'에 대한 사례도 서술할 것입니다.

논의의 편의를 위해 실험 장치를 최대한 단순화하겠

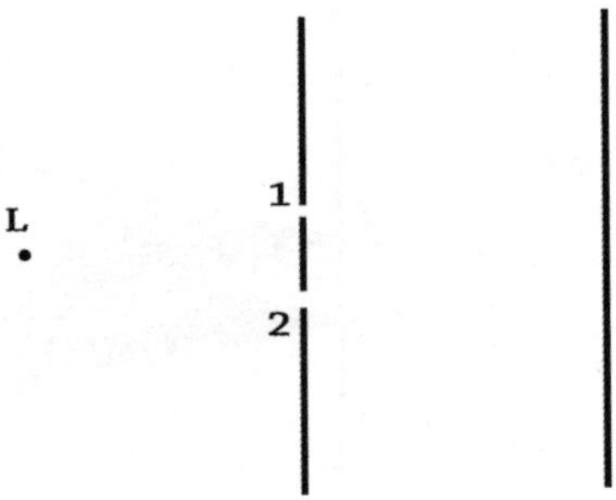

그림 9

습니다. 작고 거의 점 같은 광원이 있습니다. 이 광원에서 모든 방향으로 입자를 방출합니다. 그리고 덮개가 달린 작은 구멍이 두 개 뚫린 스크린이 있습니다.[10] 처음에는 한 구멍만 열고, 다음에는 다른 구멍을 열고, 그다음에는 둘 다 열 것입니다. 스크린 뒤에는 사진 건판이 있어서 뚫린 구멍을 통과한 입자가 여기에 모입니다. 사진 건판을 현상하고 나면 사진 건판에 부딪힌 각각의 입자들이 표식을 남길 것이라고 가정해봅시다. 입자들이 제각각 브롬화은 알갱이를 현상시킬 터이므로, 현상 후에는 검은 점들처럼

10 널리 알려진 겹실틈(이중 슬릿) 실험에서는 가느다란 실틈 두 개로 논지를 전개하며 실제의 실험도 그렇게 수행되지만, 슈뢰딩거가 이 강연에서 다루는 것은 작은 구멍 두 개로 하는 실험이다. 실틈의 경우와 실상 모든 것이 같기 때문에 구멍과 실틈을 크게 구별하지 않고 있다. 특히 구멍으로 논의를 하면 구멍이 하나이더라도 회절 때문에 사진 건판에 남는 흔적이 어느 정도 퍼진다는 점을 쉽게 이해할 수 있어서 더 유용한 면이 있다. (옮긴이주)

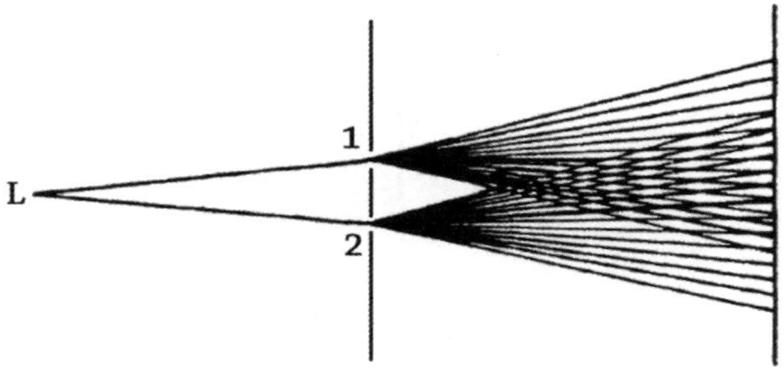

그림 10

보일 것입니다. (이것은 거의 옳습니다.)

먼저 구멍 하나만 열어보죠. 잠시 구멍을 열어 두면 한 지점 가까이에 무리지어 흔적들이 나타날 것이라고 여러분은 예상할 것입니다. 그러나 그렇지 않습니다. 입자들은 열린 구멍에서 직선 경로를 벗어나는 것이 분명합니다. 입자들은 틀림없이 직선 모양에서 휘어지는 모양이 될 겁니다. 검은 점들은 꽤 넓게 퍼져 나갈 텐데, 가운데에서 가장 짙고 퍼지는 각도가 커질수록 흔적들이 적어질 것입니다. 두 번째 구멍만 열면 비슷한 무늬를 분명하게 얻을 수 있고, 퍼져 나가는 중심만 다를 것입니다.

이제 구멍 두 개를 동시에 열고 앞서 했던 실험과 같은 시간 동안 건판에 노출시켜봅시다. 어떤 결과를 기대할 수 있을까요? 예상이 옳다면, 단일한 개별 입자들은 광원으로부터 구멍들 중 하나로 날아가, 거기서 회절된 다음 건판에 포착될 때까지 또 다른 직선 방향으로 계속 날아갈

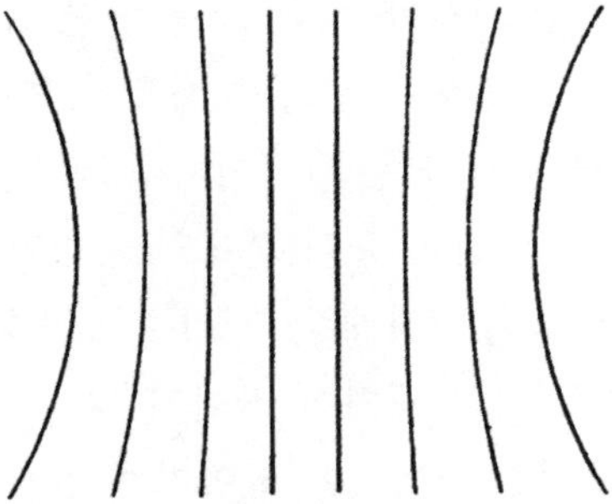

그림 11. 이 선들은 점들이 거의 없거나 하나도 없는 곳을 가리킨다. 선 두 개 사이의 중간 지점에 점들이 가장 많이 나타날 것이다. 가운데 있는 두 직선은 두 개의 실틈과 평행하다.

겁니다. 여러분은 분명히 앞의 두 패턴이 겹치리라 예상하겠지요. 그래서 두 부챗살 모양이 겹치는 영역에서, 만일 패턴의 특정 지점 근처에서, 첫 번째 실험에서 단위 면적당 25개 점을 얻고, 두 번째 실험에서 16개 더 많이 얻는다면, 세 번째 실험에서는 25+16=41개를 얻으리라 기대할 것입니다. 하지만 그렇지 않습니다. 이 점의 개수가 똑같이 유지되더라도, (그리고 논의의 편의를 위해 **우연에 의한 요동**은 무시하더라도) 81개부터 단 1개 사이의 모든 개수가 나올 것입니다. 이 수는 구멍과 건판 사이의 거리에 따라 결정됩니다. 겹치는 부분에서는 줄무늬가 짙고 그 사이로 옅은 무늬가 끼어 있는 결과를 얻을 것입니다.

(주의 : 1과 81은 이렇게 얻어집니다. $(\sqrt{25} \pm \sqrt{16})^2 = (5 \pm 4)^2 = \frac{81}{1}$)

단일한 개별 입자들이 한 실틈 혹은 다른 실틈을 통해 연속해서 하나씩 날아간다고 생각하는 사람은, 아주 터무니없는 가정을 해야 합니다. 즉 건판 위의 어떤 곳에서는 입자들이 상당한 수준으로 서로 파괴하고, 다른 곳에서는 '자손을 낳는다'는 가정입니다. 이 생각은 말도 안 될 뿐만 아니라 실험을 통해 오류임을 증명할 수 있습니다. (광원을 극도로 약하게 하고 아주 오랫동안 노출시켜 봅시다. 이렇게 해도 패턴이 바뀌지 않습니다!) 유일한 대안은 1번 구멍을 통과하여 날아가는 입자가 굉장히 기이한 방식으로 2번 구멍의 영향도 받는다고 가정하는 것입니다.

따라서 건판에서 브롬화은 입자를 환원함으로써 모습을 나타내는 입자의 내력을 광원까지 돌아가서 추적하려는 생각은 포기해야만 할 것 같습니다. **입자가 사진 건판을 때리기 전에 어디에 있었는지 우리는 말할 수 없습니다.** 입자가 어느 구멍을 통해 나왔는지도 말할 수 없습니다. 이것은 관찰할 수 있는 사건을 기술할 때 나타나는 전형적인 틈 중 하나이며, 입자가 개체성individuality을 가지고 있지 않다는 것을 보여줍니다. 우리는 광원에서 방출되는 구면파라는 용어로 **생각해야 합니다**. 이 구면파의 각 파면은 두 구멍을 통과하고 건판에 간섭 무늬를 만들어냅니다. 그러나 이 무늬 자체는 단일 입자의 형태로 관측됩니다.

주체와 대상 사이의 장벽이 붕괴됐다는 주장

이 사례를 통해 내가 여러분에게 전달하려 한, 자연의 본성에 관한 새로운 물리적 측면에 관한 아이디어가, '빈틈 없는 연속적 서술이라는 고전적 이상'이라 지칭했던 옛 방식보다 훨씬 더 복잡하다는 사실을 부인할 수 없겠군요. 자연스레 매우 진지한 질문이 떠오릅니다. 이 아이디어가 사물을 보는 새롭고 익숙하지 않은 방식이며, 일상적인 사고 습관과 상충하는 걸까요? 이런 사고 습관은 관찰된 사실들 깊숙이 뿌리 박혀 **고착된** 나머지 절대 다시는 제거될 수 없는 걸까요? 혹은 이런 새로운 관점이, 어떤 신호, 객체적[11] 자연이 아니라 인간 정신의 기본 바탕, 자연에 대한 우리의 이해가 현재 도달한 단계를 보여주는 신호일까요?

이러한 반정립, 즉 객체적인 자연과 인간의 마음이 무엇을 의미하는지가 전혀 명확하지 않기 때문에 이것은 대답하기에 극도로 어려운 질문입니다. 한편으로 나는 의심의 여지없이 자연의 일부이지만, 다른 한편으로 객체적인 자연은 내 정신에만 나타나는 현상으로서 알게 되기 때문입니다. 우리가 이 문제를 숙고할 때 염두에 두어야 할 또 한 가지는 이것입니다. 사람은 너무나 쉽게, 습득

11 '객체적'으로 옮긴 원래의 단어는 objective이다. 이 번역어에 대해 옮긴이 해제 참조. (옮긴이주)

된 사고 습관을 우리의 정신이 물리적 세계에 대한 어떤 이론에 부과한 절대적 공리로 간주하게 된다는 것입니다. 이에 대한 유명한 사례는 칸트입니다. 여러분도 알다시피 칸트는 **그가 알았던 대로**, **공간**과 **시간**을 우리의 정신적인 직관 Anschauung의 형식으로 정의했습니다. 공간은 외적 직관의 형식이며, 시간은 내적 직관의 형식이라는 것입니다. 19세기 내내 철학자들 대부분은 시간과 공간에 대해 칸트의 생각을 따랐습니다. 나는 칸트의 아이디어가 완전히 틀렸다고 말하지는 않겠습니다. 하지만 칸트의 아이디어는 너무나 융통성이 없어서 새로운 가능성이 등장하면 수정되어야 합니다. 예를 들어, 공간은 경계는 없지만 그 자체가 닫혀 있을 수 있습니다(아마도 그럴 겁니다). 그리고 두 사건은 **둘 중 하나**가 먼저 일어난 사건으로 간주될 수 있는 그런 방식으로 발생할 수 있습니다(이것이 아인슈타인의 '제한된' 상대성이론에서 가장 놀라운 새로운 관점입니다).[12]

그런데 아무리 형편없이 만들어진 것이라 할지라도 우리의 질문으로 돌아가봅시다. 공간과 시간에 대한 연속적이고 간극이 없고 단절되지 않는 서술은 불가능하다는 것이 정말 재론의 여지가 없는 사실에 근거하고 있을까요? 현재 물리학자들 견해로는 이것은 사실입니다. 보어

12 1950년대에는 특수상대성이론을 제한된 상대성이론이라고 부르기도 했다. 일반상대성이론이 일반적인 경우를 다루는 것에 비해 제한된 경우만을 다루기 때문이다. (옮긴이주)

와 하이젠베르크는 서술의 불가능성을 지지하는 매우 독창적인 이론을 내놓았습니다. 설명하기 아주 쉬운 이론이라서 그 주제에 관한 대부분의 대중적인 저작들 속에 스며들었습니다. 안타깝지만 나는 이렇게 말해야겠습니다. 거기에 담긴 철학적 의미는 대개 잘못 이해되고 있다고 말입니다. 나는 그에 반대되는 주장을 할 것입니다. 하지만 먼저 보어와 하이젠베르크의 이론을 간단히 요약해보겠습니다.

그 이론은 이렇게 흘러갑니다. 우리는 주어진 자연적인 물체(혹은 물리적 계)에 '접촉'하지 않고서는 어떠한 사실적인 진술도 할 수 없습니다. 여기서 '접촉'은 실제의 물리적인 상호작용입니다. 설령 접촉한다는 것이 그저 '대상을 보는 것'일 뿐이라 해도, 광선이 그 대상에 부딪힌 뒤 눈이나 관측 장치로 반사되어야 합니다. 이것은 대상이 그것을 관찰하는 행위로부터 **간섭을 받는다**는 뜻입니다. 대상을 엄격하게 고립된 상태로 두면 우리는 물체에 대한 어떠한 지식도 얻을 수 없습니다. 나아가 이 이론은 이런 교란이 무관하지도 않고 철저히 조사할 수도 없다고 주장합니다. 따라서 힘든 관측을 많이 하고 나면 대상의 **어떤** 특징(마지막으로 관측된 것)은 파악되고, **다른** 특징(마지막 관측에 의해 간섭된 것)은 파악되지 않거나 부정확하게 파악된 상태가 됩니다. 이런 상황이 물리적 대상을 완전하고 간극 없이 기술할 수 없는 이유에 대한 설명이 되어버리는 것입니다.

이런 설명을 받아들인다고 해도, 간섭은 단지 그러한 설명이 실제로는 이루어질 수 없다는 것을 말해줄 뿐이지, 내가 관측의 불완전성이 허용하는 정도의 확실성을 가지고 관측할 수 있는 모든 것을 추론하거나 예측할 수 있는 완전하고 간극 없는 **모형**을 마음속으로 만들어내서는 안 된다고 설득해내지는 **못합니다**. 상황은 휘스트whist 카드 게임을 시작할 때와 비슷합니다. 게임의 규칙에 따라 나는 총 52장의 카드 중 4분의 1에 대해서만 알 수 있습니다. 나는 다음 사실도 알고 있습니다. '다른 선수들도 각자 카드를 13장씩 가지고 있으며, 이 조건은 게임을 하는 동안 바뀌지 않을 것이다. 또 누구도 하트 퀸을 가질 수 없다(왜냐하면 내가 가지고 있기 때문에). 그리고 내가 모르는 카드들 중에 정확히 여섯 장의 클럽이 있다(왜냐하면 우연히 내가 클럽 일곱 장을 쥐고 있기 때문에)' 이런 식입니다.

나는 이런 해석이 해석 자체, 즉 완전히 결정된 물리적 대상이 **존재**하지만, 결코 그 대상에 대해 모든 것을 알 수 없다는 해석을 암시하고 있다고 말하겠습니다. 그러나 이 해석은 보어와 하이젠베르크와 그들을 따르는 사람들이 실제로 말하려는 것과는 전혀 다릅니다. 그들이 말하고자 하는 바는 대상이 관측하는 주체와 독립적으로 존재하지 않는다는 것입니다. 최근 물리학의 발견들은 **주체**와 **대상** 사이의 신비에 싸여 있는 경계로까지 나아갔으며, 그렇게 함으로써 그 경계가 그다지 뚜렷하지 않음을 밝혀냈다는 게 그들의 주장입니다. 대상을 관측하면서 우리 자신의 활동으로 대상을 변형시키거나 영향을 미치지 않고서는 대상을 관측할 수 없음을 이해해야 한다는 것입니다. 정교한 관측 방법과 실험 결과에 대한 이해가 뒷받침되어 신비에 싸여 있던 경계가 **허물어졌음**을 이해해야 한다는 것입니다.

가장 뛰어난 양자이론가라고 불릴 두 사람의 의견은, 물론 주의 깊게 살펴볼 가치가 있습니다. 그리고 다른 저명한 과학자 여럿이 그 두 사람의 의견을 거부하지 않고, 오히려 만족스러워한다는 사실은 그 의견이 철저하게 검토되어야 한다는 주장을 뒷받침합니다. 하지만 검토 과정에서 나는 몇 가지 반론을 제기하지 않을 수가 없습니다.

내가 순전히 인간적인 관점에서 과학이 지닌 중요성에 반대하는 편견을 가지고 있는 것은 아니라고 생각합니다. 내가 이 강연의 제목으로 표현했고 서두에서도 설명했듯이, 나는 과학을, 다른 모든 것을 포괄하는 중대한 철학적 질문, 플로티노스의 경구—티네스 데 헤메이스τίνες δὲ ἡμεῖς, **우리는 누구인가?**—에 답하려는 우리 노력이 집대성된 것이라고 생각합니다. 사실 그것 이상입니다. 나는 이 질문이 과학의 여러 과업들 중의 하나가 아니라, 과학의 **진정한** 과업, 즉 정말 중요한 유일한 과업이라고 생각합니다.

그러나 이 모든 것과 관련하여, 나는 다음과 같은 것

을 믿을 수가 없습니다(이것이 나의 첫 번째 반론입니다). 주체와 대상의 관계와 양자를 구분하는 일에 깃든 진정한 의미에 대한 깊은 철학적인 탐구가 물리적이고 화학적인 측정으로 얻는 양적인 결과, 즉 저울, 분광기, 현미경, 망원경으로 측정하고, 가이거-뮬러 계수기와 안개상자, 사진 건판, 방사성 붕괴를 측정하는 장치 등으로 얻어지는 결과들에 달려 있다는 것을 나는 믿을 수 없습니다. 내가 **왜** 그것을 믿지 않는가를 말하기는 그리 쉽지 않습니다. 사용된 수단들과 풀어야 할 문제 사이에 어떤 부조화가 있음을 나는 느낍니다. 나는 다른 과학 분야, 특히 생물학, 그중에서도 특히 **유전학**과 **진화**에 관한 사실들에 대해서는 그런 망설임이 없습니다. 그러나 이 문제를 지금 여기서 얘기하지는 않겠습니다.

다른 한편(이것이 두 번째 반론입니다), 모든 관찰이 긴밀하게 얽혀 있는 주체와 대상 모두에 의존한다는 단순한 논쟁이 있습니다. 조금도 새롭지 않으며, 거의 과학 자체만큼 오래된 논쟁입니다. 압데라의 두 위대한 인물인 프로타고라스와 데모크리토스로부터 우리를 격리시키는 2400년이라는 시간을 가로질러 전해진 것이라고는 몇 안 되는 보고와 인용문뿐이지만, 우리는 그들이 그들만의 방식으로, 감각과 지각과 관찰은 개인적이고 주관적인 색채를 지니기 때문에 물자체의 본성을 전해 주지 않는다는 주장을 했음을 압니다. (프로타고라스는 물자체를 배제하고 우리 감각만이 진리라고 보았고, 데모크리토스는 다르게 생각했다는 것이 차이점입니다.) 그때 이후로 이 질문은 과학이 등장할 때마다 나타났습니다. 우리는 수세기에 걸쳐, 이 질문에 대한 데카르트의 태도, 라이프니츠의 태도, 칸트의 태도를 얘기하면서 그 질문을 따라다녀야 할지도 모릅니다. 여기에서는 그런 작업을 하지 않겠습니다. 하지만 우리 시대의 양자물리학자들을 불공정하게 대했다는 비난을 면하기 위해 이 점은 말해야겠습니다. 나는 지각과 관측에서 주체와 대상이 분리될 수 없게 뒤얽혀 있다는 그들의 말이 전혀 새롭지 않다고 말했습니다. 그러나 그것에 대해 뭔가 새로운 것이 **있음**을 보여줄 사례를 만들어낼 수는 있을 것입니다. 직전 수세기 동안 이 문제를 논의하면서, 사실 사람들은 대체로 다음 두 가지를 마음에 두었을 것이라고 나는 생각합니다. (a) 대상에 의해 주체 안에 **만들어지는** 직접적인 물리적 **인상**. (b) 이 인상을 받아들이는 주체의 **상태**. 이와 대조적으로 현재의 사고체계에서는 주체와 대상은 직접적인 물리적 인과적 영향을 **주고받는다**고 봅니다.

주체 측이 **대상**에 미치는 피할 수 없고 제어할 수 없는 영향 또한 있다고들 합니다. 이런 면이 **지금** 새로우며, 어쨌든 그런대로 괜찮다고 말하겠습니다. 물리적인 동작은 항상 **사이에서 일어나는** 작용이며 항상 **상호적입니다**. 나에게 남은 의문점은 이것 하나입니다. 두 물리적인 상호작용 시스템 중 하나에 '주체'라는 이름을 붙이는 것이 적절한가 아닌가. **관찰하는 정신은 물리적인 계가 아니기 때문에, 그것은 어떠한 물리적인 계와도 상호작용할 수 없습니다.** '주체'라는 용어는 관찰하는 정신을 위해 남겨 두는 편이 더 나을 것입니다.

원자 혹은 양자—연속체의 복잡성을 피하기 위한 오래된 주문

그렇기는 하지만, 우리가 여러 각도에서 문제를 잠시 점검해볼 가치는 있는 것 같습니다. 내가 이 강연 앞부분에서 다루었고 그 자체가 시사하는 관점은 이것입니다. 물리과학에서 우리가 현재 겪고 있는 어려움은 **연속체**라는 개념에 내재된 악명 높은 개념적 복잡성에 결박되어 있다는 것입니다. 그러나 이것이 많은 것을 말해주지는 않습니다. 어려움들이 어떻게 결박되어 있는 걸까요? 물리과학에서의 어려움들과 연속성의 상호 관계는 정확히 어떤 양상일까요?

만약 여러분이 **지난 반세기** 동안 이루어진 물리학의 발전을 그려본다면, 자연의 불연속적인 측면이 **우리 의지와 전혀 상관없이** 강요되어 왔다는 인상을 받게 될 것입니다. 연속체라야 마음이 놓일 것 같은 거죠. 막스 플랑크는 불연속적인 에너지 교환이라는 생각에 심각하게 놀랐습니다. 플랑크는 (1900년에) 흑체복사에서 에너지 분포를 설명하기 위해 이 개념을 도입했습니다. 그는 이 가설을 무력화하기 위해 전력을 기울였고, 가능하다면 없애버리려 했지만 소용없었습니다. 25년 후에 파동역학 창시자들은 한동안 고전적인 연속 서술로 돌아가는 길을 자신들이 닦았다는 것을 낙으로 삼고 살았지만, 이들의 희망 역시 기만적이었습니다. 자연 자체는 연속 서술을 거부하는 것 같아 보였습니다. 그리고 이런 거부는 수학자들이 연속체를 다룰 때 직면하는 **논리적 난관**과는 아무 관계가 **없는** 것처럼 보였습니다.

이것이 지난 50년간의 물리학의 흐름에 대해 여러분들이 가지고 있는 인상입니다. 그러나 양자이론은 약 2400년 전인, 레우키포스와 데모크리토스 시기까지 거슬러 올라갑니다. 그들은 최초의 불연속성—텅 빈 공간 안의 독립된 원자들—을 발명했습니다. 기본 입자에 대한 우리의 개념은 역사적으로 원자에 대한 그들의 개념에서 유래했고, 개념적으로 그들의 원자 개념에 기원을 두고 있습니다. 우리는 그저 그들의 원자 개념을 계속 붙들고 있었던 것입니다. 그리고 이 **입자들**이 이제 **에너지 양자**quanta of energy임이 드러났습니다. 왜냐하면 1905년에 아인슈타인이 발견했듯이 **질량과 에너지는 동일하기 때문입니다.** 따라서 불연속성 개념은 아주 오래전에 탄생했습니다. 어떻게 그 개념이 생겨났을까요? 나는 불연속성 개념이 정확히 연속체의 복잡성에서 기원했음을, 말하자면 그것을 방어하기 위한 무기였음을 명백히 하고 싶습니다.

고대 원자론자들은 어떻게 물질에 대한 원자론을 수

립하게 됐을까요? 이는 이제 역사적인 관심 이상의 의미를 띤 질문이 되었고, 인식론과 연관되고 있습니다. 이 질문은 때로 다음과 같은 형태로—대단히 놀랍다는 느낌으로—제기됩니다. 이런 사상가들은 물리 법칙에 대한 지식이 거의 없었고, 이와 관련한 실험적인 사실에 대해서도 전혀 몰랐는데, 어떻게 그들은 물체들의 조성에 대한 **올바른** 이론을 떠올릴 수 있었을까요? 때때로 사람들은 '운좋게 맞힌' 이런 행운에 매우 당혹스러워하면서 그것을 우연으로 치부하고 고대 원자론자들에게 공을 돌리기를 거부합니다. 사람들은 그들의 원자이론이 아무런 근거 없는 추측이었으며, 실수로 밝혀졌을 수도 있었다고 선언합니다. 말할 필요도 없이, 이런 이상한 결론에 도달하는 이들은 항상 과학자들입니다. 고대 연구자는 절대 이렇게 하지 않습니다.

나는 그런 이상한 결론을 거부합니다. 그러나 그렇다면 질문에 대답해야 합니다. 아주 어렵지는 않습니다. 원자론자들과 그들의 생각이 갑자기 무에서 나타난 것은 아닙니다. 이들보다 한 세기도 더 전에 밀레토스의 탈레스(기원전 585년경 활약)가 위대한 첫걸음을 내디뎠습니다. 원자론자들은 경외스러운 이오니아의 퓌시올로고이의 전통을 이어갑니다. 그들의(원자론자들의) 직계 선조는 아낙시메네스입니다. 그의 으뜸 원칙은 '희박과 조밀'로 그는 무엇보다 이를 중시하고 강조했습니다. 그는 일상의 경험을 주의 깊게 관찰하여 다음과 같은 논지를 끌어냈습니다. 물질을 구성하는 모든 조각은 고체 상태, 액체 상태, 기체 상태 그리고 '불'의 상태를 띱니다. 이들 상태들 사이의 변화는 본질의 변화는 포함하지 않습니다. 하지만 이들은 기하학적으로 변화합니다. 즉 동일한 양의 물질이 훨씬 더 큰 부피로 확산함으로써(희박), 혹은—반대로 전환할 때는—훨씬 더 작은 부피로 줄어들거나 조밀해짐으로써 일어납니다. 이 개념은 굉장히 간단명료해서 현대 물리과학 입문서에도 어떤 유의미한 변경없이 수용될 수 있습니다. 게다가 이 개념은 근거 없는 추측이 전혀 아니며 주의 깊은 관찰의 결과입니다.

만약 여러분이 아낙시메네스의 아이디어를 완전히 소화하려고 한다면, 물질 특성의 변화, 말하자면 희박해지는 것은 물질의 부분들이 서로 더 멀어져야 일어날 수 있는 현상이라는 것을 자연스럽게 생각하게 됩니다. 그러나 만약 여러분이 물질이 빈틈없는 연속체를 구성한다고 생각한다면, 이런 생각을 해내기는 극도로 어렵습니다. 무엇이 무엇에서 멀어진단 말일까요? 그와 동시대의 수학자들은 기하학적인 선이 점들로 구성되어 있다고 생각했습니다. 그것은 그대로 내버려두어도 괜찮을 겁니다. 하지만 그것이 **물질적인** 선이라면 그것을 늘일 때 선상의 점들이 서로 멀어져서 틈새가 벌어지지 않을까요? 늘이기는 새로운 점들을 **만들어낼 수** 없기 때문에 동일한 점들의 조합이 더 큰 간격을 포함할 수는 없습니다.

이처럼 이해하기 힘든 연속체의 특성에 도사린 어려움을 피할 수 있는 가장 쉬운 방법이 원자론자들이 취한 방법입니다. 말하자면 물질이 고립된 '점들', 더 정확히 말해서 작은 입자들의 조합으로 이루어진다고 간주하는 것입니다. 이것은 희박해지면 멀어지고 조밀해지면 더 가까워지지만, 그것 자체는 변하지 않는다는 것입니다. 희박해지면 멀어지고 조밀해지면 가까워진다는 사실은 중요한 부산물입니다. 이 부산물이 없다면, 이 과정에서 물질이 본질적으로 변하지 않는다는 주장이 매우 모호하게 들릴 것입니다. 원자론자는 입자들은 변하지 않은 채 유지되며 입자들의 기하학적인 배치만이 달라질 뿐이라는 것을 알고 있습니다.

따라서 현재 형태의 물리과학은 고대 과학의 직계후손으로 중단없이 이어졌으며, 처음부터 연속체 개념에 내재된 모호함을 피하고 싶어 했습니다. 이 모호함은 최근까지, 오늘날보다 고대에 더 많이 느꼈을 연속체 개념의 위태로운 측면입니다. 우리는 연속체에 속수무책입니다. 이는 현재 양자이론의 어려움들에 반영되어 있는데, 늦게 나타난 것은 아닙니다. 이 무력함은 과학이 탄생할 때 대모로 서 있었습니다. 이 표현을 양해해주신다면, '잠자는 미녀' 이야기에 나오는 13세기 마녀 같은 사악한 대모였습니다. 그의 사악한 주문은 원자론이 천재적으로 발명되면서 오랫동안 저지되어 왔습니다. **이것은 원자론이 왜 그토록 성공적이고 지속적이고 반드시 필요했었는지 그 이유를 설명해줍니다.** '원자론에 대해서 정말 아무것도 몰랐던' 사상가들이 운 좋게 알아맞힌 것은 아니었습니다. 그것은 원자론이 물리쳐야 하는 어려움이 버티고 있는 한 당연히 없어서는 안 되는 강력한 반대 주문이었습니다.

그렇다고 원자론이 이제 쓸모없을 거라는 이야기는 아닙니다. 원자론이 해낸 귀중한 발견들—특히 열에 대한 통계학적인 이론—은 결코 쓸모없지 않을 것입니다. 누구도 미래를 알 수 없습니다. 원자론은 심각한 위기를 마주하고 있습니다. 원자들—우리의 현대적인 의미의 원자들, 즉 기본 입자들—은 더 이상 식별 가능한 개별자들로 간주되어서는 안 됩니다. 이러한 현대적 의미의 원자 개념은 누구나 생각해볼 수 있었던 것보다 더 많이 원래의 원자 개념에서 벗어나 있습니다. 우리는 어떤 상황에 대해서도 준비되어 있어야 합니다.

물리적인 미결정성으로 자유의지에 기회가 생길까?

158쪽에서 나는 오래된 난제, 즉 물질적인 사건에 대한 결정론적인 관점과, 라틴어로 '리베룸 아르비트리움 인디페렌티아이liberum arbitrium indifferentiae'(어떤 것에도 영향을 받지 않을 자유), 오늘날 우리가 말하는 자유의지 사이의 분명한 모순을 짧게 다루었습니다. 내가 하는 말이 무슨 뜻인지 여러분도 아실 겁니다. 나의 정신적인 삶은 명백히 내 몸, 특히 나의 뇌 안에서 일어나는 생리학적인 일들과 매우 밀접하게 연관되어 있습니다. 그렇기에 자유의지가 절대적이고 특별하게 물리적이고 화학적인 자연법칙에 의해 절대적이고 고유한 방식으로 결정된다면 **내**가 이렇게 혹은 저렇게 행동하려고 결정을 내리는, 다른 사람은 가지지 못하는 나만의 느낌, 내가 실제로 내린 결정에 대해 내가 느끼는 책임감은 어떻게 되는 걸까요? 내가 하는 모든 일이 나의 뇌 안의 물질적인 상태에 의해서, 그리고 내 외부의 몸들이 일으키는 변용에 의해서 기계적으로 미리 결정되는 것은 아닐까요? 그리고 자유와 책임에 대한 나의 느낌이 나를 속이는 건 아닐까요?

이것은 진짜 아포리아(논리적 난관)라는 인상을 줍니다. 이것은 데모크리토스에게 처음 일어났는데, 그는 이것을 완전히 이해했지만 그냥 내버려두었습니다. 나는 데모크리토스가 매우 현명했다고 생각합니다. 그는 아포리아를 완전히 인식하고 있었습니다. 텍스트가 전해지지 않아 우리는 데모크리토스가 뚜렷이 언급한 몇 대목만 알고 있습니다. 데모크리토스는 '원자와 빈 공간'만이 객관적인 자연을 이해하는 유일하게 합리적인 방법임을 고수했습니다. 또한 원자와 빈 공간으로 그려진 전체 그림이 단지 감각 지각을 바탕으로 인간의 마음에 형성된 것에 지나지 않는다고 주장했습니다. 그리고 그가 한 다른 말도 있는데 대부분 칸트의 글에도 나옵니다. 우리는 그 무엇도 본질적으로 무엇인지 전혀 알 수 없으며, 궁극적인 진리는 깊은 어둠 속에 있다고 데모크리토스는 말했습니다.

에피쿠로스는 데모크리토스의 물리 이론을 물려받았습니다(그런데 감사의 표시는 없었습니다). 그러나, 덜 지혜로웠지만, 꽤 괜찮고 건전하고 논쟁의 여지가 없는 **윤리적인** 태도를 제자들에게 전수해주는 데에는 빈틈이 없었습니다. 그는 물리학에 손을 댔고 그의 유명한(혹은 악명 높은) '벗어남'을 발명했습니다.[13] 그것은 물리적 사건의 '불확실성'에 대한 현대적인 관념을 강하게 연상시킵니다. 나는 여기서 더 자세히 들어가지는 않을 것입니다. 에피쿠로스가 다소 유치한 방법으로 물리적인 결정론에서 도망쳤다고 말하는 것으로 충분합니다. 그의 방법은 어떠한 경험에도 근거하고 있지 않았고 따라서 결과도 낳지 못했습니다.

문제 자체는 결코 우리를 떠나지 않았습니다. 그것은 히포의 성 아우구스티누스에게 매우 분명하게—혹은 적어도 아주 비슷한 물리적 구조의 문제로—신학적인 **아포리아**로 나타났습니다. 자연법칙이라는 역할은 전지전능한

13 '벗어남'은 라틴어로 clinamen(클리나멘), 영어로 swerve로 번역되는 용어로, 원자가 알 수 없는 이유로 원래의 궤적에서 벗어나 다른 곳으로 가는 성향을 가리킨다. '빗나감' 또는 '비껴남'으로 번역된다. (옮긴이주)

신이 맡았습니다. 그러나 신을 믿는 아우구스티누스에게 자연법칙은 명백히 신의 법칙이기 때문에 둘은 정확히 동일한 문제라고 부르는 것이 옳다고 나는 생각합니다.

누구나 알다시피 성 아우구스티누스에게 가장 큰 어려움은 정확히 이것이었습니다. 신은 전지전능하므로, 나는 신의 앎과 의지—그것을 승낙하는 것뿐 아니라 결정하는 것도—없이는 아무 일도 할 수 없다는 것입니다. 그렇다면 나는 내가 한 일에 대해 어떻게 책임질 수 있을까요? 이러한 질문의 형식에 대한 종교적인 태도는 종국적으로 다음과 같으리라고 생각합니다. 우리가 헤쳐 나갈 수 없는 어두운 난관에 맞닥뜨렸지만, 책임을 부정함으로써 풀려고 해서는 안 됩니다. 우리는 시도해서는 안 됩니다. 아니, 시도하지 않는 게 낫습니다. 왜냐하면 우리는 불쌍하게 실패할 것이기 때문입니다. 책임이라는 감정은 타고나는 것이며 누구도 이 감정을 버릴 수 없습니다.

그러나 질문의 원래 형식과 질문 안에서 물리적 결정론이 해내는 역할로 돌아가봅시다. 자연스럽게도, 오늘날의 물리학에서 말하는 소위 '인과론의 위기'가 이런 모순 혹은 **아포리아**에서 우리를 해방시켜줄 것이라는 희망을 높여주는 것 같았습니다.

어쩌면 불확정성의 선언으로 자연법칙이 결정하지 않은 채 남겨둔 사건을 결정하는 방식으로 자유의지가 그 틈에 끼어들 수 있도록 허용할 수 있지 않을까요? 이런 희망은 언뜻 보기에 지당하고 이해가 됩니다.

이런 정제되지 않은 형식으로 문제 해결을 시도했고, 이 아이디어는 독일 물리학자 파스쿠알 요르단Pascual Jordan에 의해 어느 정도 해결되었습니다. 이는 물리적으로도 윤리적으로도 불가능한 해결책이라고 나는 믿습니다. 첫째(물리적 해결책)와 관련하여 우리의 현재 관점에 따르면 양자 법칙은, 하나의 사건은 결정되지 않은 상태로 두지만, 동일한 사건이 반복해서 일어날 때는 상당히 확정적인 **통계** 수치를 예측해냅니다. 만약 통계가 어떤 요인의 간섭을 받는다면, 이 요인은 엄격하게 인과적인 역학 법칙—양자역학 이전의 물리학—의 간섭을 받는 것처럼 그렇게 양자역학 법칙을 깹니다. 정확히 동일한 윤리적 상황에 처한 동일한 사람의 반응에 대해서는 내놓을 **통계가 없다**는 것을 우리는 압니다. 규칙은 동일한 상황에서 동일한 개인이 정확히 동일한 방식으로 다시 행동한다는 것입니다. (**정확히** 동일한 상황이라는 점에 유의하세요. 범죄자 혹은 중독자가 설득과 모범 사례, 금지, 기타 강력한 외부 영향에 의해 바뀌거나 치료될 수 없음을 의미하지는 않습니다. 하지만 물론 이것은 상황이 바뀐다는 것을 의미합니다.) 요르단의 가정, 즉 불확정성의 틈을 메우기 위해 자유의지가 직접 개입하는 것은 자연법칙에 간섭하는 것에 해당한다고 추론할 수 있습니다. 양자이론에서 수용된 그들의 형식에서조차도 그렇습니다. 물론 그 대가로,

우리는 모든 것을 가질 수 있습니다. 하지만 이것은 딜레마를 해결하는 방법이 아닙니다.

윤리적인 반대는 독일 철학자 에른스트 카시러Ernst Cassirer(독일 나치를 피해 망명하여 뉴욕에서 1945년에 사망)가 강력하게 내세웠습니다. 카시러는 요르단의 아이디어를 집중적으로 비판했는데, 물리학의 상황을 정확히 알고 있었기 때문입니다. 간단히 요약해보면, 이런 이야기에 해당한다고 말할 수 있습니다. 자유의지는 인간의 윤리적 행위와 가장 깊이 연관된 부분을 포함합니다. 시공간 내에서 일어나는 물리적 사건들이 실제로 절대적으로는 아니고 대체로 순수하게 우연에 의해 결정된다고 하면, 대부분의 현대 물리학자들이 믿는 바와 같이, 물질세계에서 일어나는 일들의 이런 우연적인 측면은, (카시러에 따르면) **인간의 윤리적인 행위와 물리적으로 상호 연관된 것으로는 맨 마지막에 일어날 일입니다.** 왜냐하면 인간의 윤리적인 행위는 전혀 우연적이지 않기 때문입니다. 이것은 가장 낮은 데서부터 가장 숭고한 것까지, 탐욕과 악의부터 모든 피조물에 대한 진정하고 신실한 종교적 헌신에 이르기까지 무엇보다 동기에 의해 단호하게 결정됩니다. 카시러의 명쾌한 논의를 보면, 윤리학을 포함해서 자유의지의 근거를 물리적인 우연에 두는 모순을 강하게 느끼게 되며, 앞에서 나왔던 어려움, 즉 자유의지와 결정론 사이의 대립은 반대 관점에서 날린 카시러의 강력한 타격 아래 줄어들어 거의 사라집니다. 카시러는 다음과 같이 덧붙입니다. "만약 후자(결정론)의 개념과 진정한 의미가 예측 가능성과 양립할 수 없다 해도, 역시 양자역학에 의해 줄어든 예측 가능성 정도로도 윤리적 자유를 파괴하기에 충분할 것입니다." 사실 의문이 생길 것입니다. 그런 역설이 정말 그렇게 충격적인 것일까? 그리고 물리적 결정론이 의지라는 심리적 현상과 별 상관이 없는 것은 아닐까? 의지라는 심리적 현상은 '밖에서' 추측하기가 결코 쉽지 않으며, 대개는 '안에서' 궁극적으로 결정됩니다. 전체 논쟁에서 가장 가치 있는 결과는 이것이라고 봅니다. 물리적인 우연이 윤리에 제공하는 기반이 얼마나 부적절한지를 우리가 깨닫는다면, 자유의지와 물리적 결정론이 화해할 수 있을 정도로 논쟁의 규모가 줄어들 것이라는 점입니다. 이 점은 더 확장해서 생각해볼 수 있습니다. 매듭을 짓기 위해 수없이 많은 시와 산문의 구절을 제시할 수 있을 겁니다. 존 골즈워디의 소설 『암흑의 꽃*The Dark Flower*』(I부, XIII, 두 번째 문단)에서 한 청년이 한밤중에 산만하게 생각을 하다가 이런 사실을 떠올립니다. "그렇지만 사실은 이러하다. 만약에 사물들이 옛 모습 그대로, 그리고 원래 있었던 바로 그곳에 있지 않다면 그것이 어떠할지 너는 결코 생각할 수 없을 것이다. 무슨 일이 일어날지도 전혀 모른다. 그럼에도 불구하고, 그것이 일어나면, 다른 어떠한 일도 결코 일어나지 않을 것 같았다. 그건 이상하다. 너는 그것을 할 때까지 네가 좋아하는 건 무엇이든 할 수 있다. 그러나 네가 그것을 **했더라면**, 너는 네가 항상 했어야만 했다고 알게 된다. …" 「발렌슈타인의 죽음*Wallenstein's Tod*」에 이 유명한 구절이 나옵니다.

자각하라. 인간의 사고와 행위는
바다에서 맹목적으로 솟구치는 물보라 같은 것이 아니다.
그의 내면 세계, 그의 소우주는
이 세상으로 쏟아지는 심오한 근원이 되리니.
그것은 나무에 열매가 필수적인 것처럼 필요하며,
맹목적인 우연으로 변하지 않는다.
인간의 깊은 중심을 탐색해본다면,
그의 의지와 행동을 미리 말해주겠네.

문맥상 이 구절들은 사실 점성술에 대한 발렌슈타인의 독실한 믿음을 의미하는데, 내가 이 믿음을 공유하려는 것은 아닙니다. 그러나 점성술의 바로 그런 매력이, 즉 수세기 동안 인간의 마음에 영향을 끼친 거부할 수 없는 끌림이, 우리가 운명을 순수한 우연의 산물로 간주할 준비가 되어 있지 않다는 사실을 뒷받침하는 것은 아닐까요? 대체로 우리의 운명은 올바른 순간에 내리는 올바른 결정에 달렸음에도 불구하고, 아니 바로 그렇기 때문에 말이죠. (우리는 이런 목적에 필요한 완전한 정보를 대체로 갖지 못합니다. 그리고 그곳에 점성술이 들어서게 됩니다!)

닐스 보어가 말하는 예측의 방해물

그런데 우리 진짜 주제로 돌아가봅시다. 보어와 하이젠베르크는 앞에서 언급한 아이디어, 즉 관측자와 관측되는 물리적 대상 사이에 피할 수 없고 제어할 수 없는 상호작용이 있다는 아이디어에 기반해 어려움을 잘 해명해주는 훨씬 더 진지하고 흥미로운 시도에 기초를 놓았습니다. 그들의 추론은 대략 다음과 같습니다. 이른바 역설은 여기에 있습니다. 즉 역학적인 관점에 따르면, 사람의 뇌를 포함해 몸 안에 있는 모든 기본 입자들의 위치와 속도를 정확하게 앎으로써 그 사람이 자발적으로 어떻게 행동할지 예측할 수 있습니다. 그러므로 그의 행동은 사람이 그렇게 믿는 것, 즉 자발적인 행동이 될 수 없습니다. 이런 세부적인 앎을 우리가 **실제로** 얻을 수 없다는 사실은 별로 도움이 되지 않습니다. 이론적인 예측 가능성마저 우리에게 충격을 줍니다.

여기에 대하여 보어는 앎은 **원리적으로도** 획득할 수 없으며 이론적으로도 얻을 수 없다고 대답합니다. 왜냐하면 그렇게 정확한 관측은 '대상'(사람의 육체)과 매우 강력하게 간섭하여 대상을 단일 입자로 해체시켜버려서, 묻을 시체조차도 남지 않을 만큼 효율적으로 죽일 것이기 때문이라는 겁니다. 어쨌든 '대상'이 자발적인 행동을 보이는 상태를 훨씬 넘어서기 전에는 행동에 대해 어떤 예측도 할 수 없습니다.

물론 '원리적으로'라는 구절이 강조되고 있습니다. 앞서 언급한 그런 앎은 **실제로**는 얻을 수 없다는 것, 인간과 같은 고등동물은 차치하고 심지어 가장 단순한 살아 있는 조직에 대해서도 그렇다는 것은 양자이론이나 불확정성과 관계없이도 명백합니다.

보어의 생각은 의심의 여지없이 흥미롭습니다. 하지만 나는 이렇게 말하겠습니다. 몇몇 수학적인 증명에서처럼 우리는 그의 논의를 납득하는 게 아니라 강요당하는 것이라고 말입니다. 먼저 A와 B를 인정해야만 그다음에 C와 D가 따라 나오고, 그렇게 계속됩니다. 어느 한 단계도 거부할 수 없습니다. 마지막으로 Z라는 흥미로운 결과가 따라 나옵니다. 그것을 받아들여야 하지만, 실제로 어떻게 나오는지는 알 수 없습니다. 증명은 이에 대해 어떠한 단서도 주지 않습니다. 현재 사례에 대해서 나는 이렇게 말하겠습니다. 보어의 고찰은, 물리학에서의 현재 관점은—주로 엄격한 인과관계가 없기 때문에(혹은 불확정성 관계 때문에)—원리적으로 반대의 소지가 있는 예측 가능성을 차단한다는 것을 보여줍니다. 그러나 이것이 어떻게 일어나는지 알 수는 없습니다. 관측 가능한 엄격한 인과관계가 없다는 것과 보어의 추론이 긴밀한 관계가 있다는 관점에서 보면, 그것은 단지 요르단의 제안을 반복한 것은 아닌지, 심지어 카시러의 주장에서 몸을 피해 숨기려 더 주의 깊게 변장을 하고 있는 것은 아닌지 의심하게 됩니다.

그렇다는 것을 보이기 위해 사례를 하나 만들어볼 수 있습니다. 사실, 나는 관측을 하면 그의 희생자가 죽는다는 가정을 한 보어의 불필요한 잔인함에 대해 죄를 물어야 한다고 생각합니다. 실제로 보어는 내가 알게 된 가장 친절한 사람들 중의 하나지만 말입니다. 나는 그런 가정이 무슨 소용이 있는지 알 수가 없습니다. 양자역학에 따르면, 우리는 모든 입자들의 위치 그리고 속도의 전체 집합을 알 수는 없습니다. 왜냐하면 현재 관점에 따르면 이것은 불가능하기 때문입니다. 고전물리학에서 이런 **완전한** 지식은 양자역학에서 소위 최대 관측에 해당합니다. 이것은 얻을 수 있는, 아니, 어떤 의미라도 가지는 최대의 앎을 산출합니다. **현재 수용된 관점에서 어떤 것도, 우리가 살아 있는 몸에 대한 이런 최대의 앎을 얻을 것이라는 점을 배제하지 않습니다.** 현실적으로 최대 앎을 얻을 수 없다는 것을 아주 잘 안다고 하더라도 **원리적으로는** 가능하다는 점을 인정해야 합니다. 이러한 상황은 고전물리학의 **완벽한** 앎과 정확히 동일합니다. 게다가 정확히 고전물리학에서 그렇듯이, 우리는 **현재**의 최대 앎을 허용하는 최대 관측에서, **원리적으로** 나중의 최대 앎을 추론할 수 있습니다. (물론 그동안 대상에 작용하는 모든 요소들에 대한 최대 앎도 구해야만 합니다. 하지만 그것은 원리적으로만 가능하며, 고전역학적 물리학의 경우와도 매우 유사합니다.) 근본 차이점은, 앞에서 말한 나중 시간에 대한 최대 앎이 나중 시간에 실제로 관측 가능한 대상의 움직임에서 매우 눈에 띄는 특징들에 대해서 의구심을 남길 수 있다는 것입니다. 경과되는 시간이 길면 길수록 의구심은 더 커질 것입니다.

따라서 보어의 고찰은, 양자이론이 주장하는 엄격한 인과율의 결여 때문에, 살아 있는 몸의 움직임에 대한 **물리적인** 예측 불가능성을 제시하는 것처럼 보일 것입니다. 이러한 물리적인 불확정성이 유기적인 생명체에서 이와 관련된 모종의 역할을 하든 안 하든, 그것을 살아 있는 존재들의 자발적인 행동에 대한 물리적인 대응물로 삼는 것을 단호히 거부해야 한다고 나는 생각합니다. 앞서 개략적으로 언급한 이유들 때문입니다.

최종 결론은 양자물리학이 자유의지 문제와 아무 관계가 없다는 것입니다. 그런 문제가 있다고 하더라도, 최근 물리학의 발전이 미미하게라도 진전시킬 수 없습니다. 에른스트 카시러의 말을 다시 인용해보겠습니다. "그래서 분명한 것은 … 인과관계에 대한 물리적 개념에서 있을 수 있는 변화는 윤리학에서 어떠한 즉각적인 함의도 가질 수 없다는 것이다."

참고문헌

A. S. Eddington, *The Nature of the Physical World* (Gifford Lectures 1927). Cambridge University Press, 1929.

Ernst Cassirer, *Determinismus und Indeterminismus in der modernen Physik*. Götheborgs Högskolas Arsskrift 42. Götheborg, 1937.

Pascual Jordan, *Anschauliche Quantentheorie*. Springer , Berlin, 1936.

N. Bohr, 'Licht und Leber', Naturw. 21, 245, 1933.

W. Heisenberg, *Wandlungen in den Grundlagen der Naturwissenschaft*. S. Hirzel, Leipzig, 1935-1947.

M. Born, *Natural Philosophy of Cause and Chance*. Oxford University Press, 1949.

Volume VII of the 'Library of Living Philosophers', *Albert Einstein: Philosopher-Scientist*. (A collective volume, concluded by a critical essay of Einstein's, an excerpt of which is reprinted in 'Physics Today', February 1950.)

Hermann Diels, *Die Fragmente der Vorsokratiker*. Weid- mann'sche Buchhandlung, Berlin, 1903.

E. C. Titchmarsh, *Theory of Functions*. Oxford University Press, 1939.

José Ortega y Gasset, *La rebelión de las masas*. Espasa-Calpe Argentina, Buenos Aires—Mexico, 1937. (This edition is enhanced by a 'Prologue for Frenchmen' and an 'Epilogue for Englishmen'. There are translations of the book in English, French and German.)

옮긴이 해제

이 책은 오스트리아 출신의 물리학자 에르빈 슈뢰딩거의 저서 *Nature and the Greeks*(1954)와 *Science and Humanism: Physics in Our Time*(1951)의 합본인 *Nature and the Greeks and Science and Humanism*(1996)의 한국어 완역이다.

슈뢰딩거라는 이름이 가장 깊이 새겨진 곳은 그의 이름을 딴 방정식일 것이다. 물론 그가 1935년에 고안한 사고실험 속의 고양이도 유명하지만, 1926년 스위스 어느 산장에서 완성한 방정식이 세상의 모든 비밀을 알려주는 열쇠가 되었기 때문이다. 그 열쇠의 다른 이름은 양자역학이다.

물리학자로서 슈뢰딩거의 더 중요한 기여는 1932년부터 그가 생각해낸 양자얽힘이라는 개념일 것이다. 1900년 영국의 물리학자 윌리엄 톰슨(켈빈 남작)은 물리학자의 하늘이 아주 맑고 단지 두 조각구름이 있을 뿐이라며 오만함을 드러냈지만, 흑체복사라 이르는 열과 빛의 문제는 거대한 폭풍우가 되어 20세기를 뒤집어 놓았다. 톰슨이 대변하던 고전물리학은 여기저기 한계를 드러냈다. 새로운 이론이 필요했고, 슈뢰딩거는 그것을 만들어냈다. 현재 우리가 살아가는 과학기술 문명의 가장 중요한 바탕이며, 이 우주의 모든 것을 설명해주는 것이 바로 양자역학이라 해도 과언이 아니다.

그러나 이 새로운 이론이 정말로 모든 것을 말해주지는 않는다. 무엇보다 생명과 의식이 빠져 있고 이 복잡한 사회와 온갖 현상을 이해하기에는 턱없이 부족하다. 모든 것이 어우러져 종합적인 사유와 예술과 문학이 넘쳐나던 오스트리아 빈 출신답게 슈뢰딩거는 물리학이 몇 가지 지엽적인 문제의 풀이를 주는 데 만족하지 않았다. 슈뢰딩거는 젊은 시절부터 아르투어 쇼펜하우어의 철학에 심취했다. 쇼펜하우어는 『의지와 표상으로서의 세계*Die Welt als Wille und Vorstellung*』에서 칸트의 초월관념론을 적극적으로 비판하면서 "세계는 나의 표상"이라는 사상을 펼쳤다. 쇼펜하우어를 통해 고대 인도의 우파니샤드를 만나고 베단타 철학에 깊이 빠져든 슈뢰딩거에게 과학의 참된 모습은 사람에게 거울처럼 모습을 드러내는 실재의 이야기가 아니라 세계에 대한 자연철학자의 적극적인 표상이었다.

따라서 슈뢰딩거에게 이 세계는 물질세계에 국한되는 것이 아니었다. 슈뢰딩거의 진짜 관심은 자연철학이었다. 고대 그리스에서 소크라테스 이전의 철학자들은 자연 전체에 대한 사유를 펼쳤고, 이들을 대개 '소크라테스 이전 자연철학자Vorsokratiker'라 부른다. 중세 유럽의 대학에서는 신학, 의학, 법학이라는 세 가지 전공을 시작하기 전에 자연철학을 섭렵해야 했다. 천문학, 물리학, 기하학, 수학, 화성학 등을 다루는 자연철학에서는 세계 전체가 탐구의 대상이었다. 이는 아이작 뉴턴의 유명한 『프린키피아』의 전체 제목이 『자연철학의 수학적 원리*Philosophiae naturalis principia mathematica*』라는 점에서도 볼 수 있다. 19세기 동안 물리학이 뉴턴의 자연철학 전통을 빛, 전기, 자기, 열, 소리 등 물질적 현상으로 확장하여 적용하는 전문분야로 정립되었지만, 슈뢰딩거의 관심은 말 그대로 세상 모든 것의 이론이었고, 바로 이것이 그의 자연철학이다. 이 책에 묶여 있는 두 번의 초청 강연에서 그가 평생 좇았던 자연철학에 대한 실마리를 볼 수 있다.

첫 번째 강연 「자연과 고대 그리스 철학자들」은 1948년 5월 런던에서 열린 셔먼 초청 강연을 담고 있다. 셔먼 초청 강연은 런던 유니버시티칼리지 철학과에서 1938년부터 격년으로 철학 분야의 석학을 초청하여 연속 특강으로 진행한다. 저명한 논리학자 아서 셔먼Arthur Thomas Shearman(1866~1937)이 세상을 떠난 뒤 그를 기리기 위해 1938년에 만들어졌다. 1946년의 제1회 강연자가 버트런드 러셀이었고, 1948년 제2회 강연자가 슈뢰딩거였다. 그뒤로 폴란드의 논리학자 알프레드 타르스키, 라위천 브라우어르, 윌러드 밴 콰인, 칼 포퍼, 노엄 촘스키, 솔 크립키, 힐러리 퍼트넘, 아마르티아 센, 토머스 쿤 등 최고의 석학들이 뒤를 이었다. 이 강연에서 슈뢰딩거가 주목한 고대 그리스의 자연철학자는 피타고라스학파, 크세노파네스, 헤라클레이토스였다. 물론 데모크리토스와 같은 원자론자들을 잊지 않았다. 모어인 독일어뿐 아니라 영어와 프랑스어를 비롯하여 라틴어와 그리스어로 쓰인 텍스트를 편안하게 읽던 슈뢰딩거는 고대 그리스 자연철학자의 사유를 그리스어 원전을 통해 직접 탐구하며 전문적인 고전학자 못지않은 혜안을 보여준다.

두 번째 강연 「과학과 인문주의」는 1950년 2월 더블린 유니버시티칼리지의 더블린고등연구원에서 '인문주의의 구성요소로서의 과학'이란 제목으로 4회에 걸쳐 진행된 강의를 기록한 것이다. 서문과 부제에서 밝히고 있듯이 이 강의의 진짜 주제는 슈뢰딩거 자신이 이해하는 물리학의 역사와 철학이었다. 그는 과학 특히 물리학의 중요성과 역할이 단지 기술적 응용에 국한되지 않음을 강조하면서, 과학을 통해 우리를 둘러싼 세계와 물질 개념이 근원적으로 변화했음을 잘 보여주고 있다. 무엇보다 슈뢰딩거 자신이 가장 크게 기여했으며 평생을 골몰하던 양자이론의 자연철학적 함의를 상세하게 논의한다. 이것은 연속성, 인과성, 주체-객체 관계, 결정론과 자유의지 등의 문제로 직접 이어진다. 그런 점에서 2부에서 다루어지는 주제가 물리학사뿐 아니라 물리철학에서 핵심을 차지하는 문제가 되는 것이 자연스럽다.

슈뢰딩거는 파동역학으로 유명해진 1927년, 베를린의 프리드리히 빌헬름 대학에 막스 플랑크 후임으로 자리를 잡았다. 나치가 집권하자 적극적으로 나치에 반대하는 목소리를 내면서 부당하게 해임되었다. 여러 곳으로부터 초청을 받았는데, 여러 사정이 겹치면서 1938년 아일랜드로 이주하게 되었고 그뒤 17년 동안 더블린에 거주했다. 이 두 강연은 그 시기에 이루어졌다.

1996년 케임브리지 대학 출판부는 이 두 강연을 묶어 '칸토 고전 시리즈Canto Classics'의 한 권으로 출간했다. 많은 사람이 1950년대에 출간된 두 책을 구할 수 없어 안타까워했기 때문이다. 칸토 고전 시리즈는 지난 반세기 동안 케임브리지 대학 출판부에서 출간된 책 중 가장 영향력 있는 저작 40여 권을 선정하여 복간한 것이다.

번역어와 관련하여 두 가지를 특별히 언급하고자 한다. 본문에서 '대상적' 또는 '객체적'이라고 번역한 영어 단어는 objective이다. 대개 '객관적'이라고 번역되기도 하는데, 이 말은 주인이 아니라 손님의 눈으로 바라보다(觀)는 의미가 담겨 있다. 그러나 슈뢰딩거가 이 강연에서 말하는 objective는 인식 주체가 아니라 인식 대상에 붙박여 있다는 의미이기 때문에 '객관적'이라는 의미를 지니지 않는다. 영어 단어 object는 라틴어 오비엑투스objectus에서 왔다. 그 어근에 있는 야케레jacere는 '던지다'라는 뜻이며, 접두사 ob-는 '~에 견주어, ~의 앞에'라는 뜻이다. 빛을 비출 때 그림자가 드리우는 것을 지칭하는 것이어서 19세기 일본에서 '대상對象'이라는 번역어를 만들었고, '물체'나 '신체'에서 '체體'로 번역되기도 했다. 따라서 objective는 '객관적'이라는 의미가 아니고 '대상적'이라는 의미이다. 다만 이를 관형어로 쓸 때 '대상적'이 익숙하지 않은 표현이라서 그 대신 '객체적'이라고 번역했다.

『슈뢰딩거의 자연철학 강의』에서 매우 중요한 핵심 개념 중 하나가 reality이다. 문학이나 예술에서는 곧잘 '현실'로 번역되지만, 자연철학에서 이 개념은 반드시 '실재'로 번역해야 한다. 이는 측정과 관찰과 인식 너머의 대상이 되는 것을 가리키며, 칸트 철학의 물자체物自體, Ding an sich 또는 쇼펜하우어의 '의지Wille'에 대응한다. 실재는 실상 드러나는(現) 것이 아니며 현상phenomenon의 반대편에 있다. 마찬가지로 문학이나 예술에서 리얼리즘realism은 '사실주의'나 '현실주의'이지만, 철학에서는 반드시 '실재론'으로 옮겨야 그 의미를 제대로 전달할 수 있다.

독자들이 이 책을 통해 마치 70여 년 전의 강연장에 직접 참석한 것처럼 슈뢰딩거의 근원적이고 보편적인 자연철학을 만나게 되길 바라며, 오늘날 우리가 세계를 이해하기 위해 다시 곱씹어보아야 할 매우 중요한 질문들을 사유하면서 함께 즐기길 희망한다.

이 책의 한국어판을 만드는 과정에서 역자 못지않게 큰 힘을 기울여주신 에디토리얼 최지영 대표님과 교열을 맡아주신 박기효 선생님께 감사드린다.

2024년 8월

김재영

슈뢰딩거의 자연철학 강의

자연과 고대 그리스 철학자들

과학과 인문주의

지은이 — 에르빈 슈뢰딩거

옮긴이 — 김재영, 황승미

펴낸날 — 2024년 9월 23일 초판 1쇄

펴낸이 — 최지영

펴낸곳 — 에디토리얼

등록 — 제2024-000007호(2018년 2월 7일)

주소 — 서울시 도봉구 마들로11길 65, 503-5호

투고·문의 — editorial@editorialbooks.com

전화 — 02-996-9430

팩스 — 0303-3447-9430

홈페이지 — www.editorialbooks.com

인스타그램 — @editorial.books

교열 — 박기효

표지디자인 — 동신사

제작 — 세걸음

ISBN 979-11-90254-36-6 04400

ISBN 979-11-90254-12-0(세트)

파본은 구입처에서 교환하실 수 있습니다.

책값은 뒤표지에 적혀 있습니다.

과학기술의 일상사
맹신과 무관심 사이, 과학기술의 사회생활에 관한 기록

박대인·정한별 지음

APCTP(아시아태평양이론물리센터) 2019 올해의과학도서; 한국출판문화산업진흥원 출판콘텐츠창작자금지원사업 선정작; 책씨앗 추천도서

정책의 눈으로 보면 시민이 현실에서 체감하는 과학기술의 면면을 잘 드러낼 수 있다. 한국 사회의 오래된 화두인 기초과학 육성 담론, 이로부터 자연스레 따라나오는 정책적 쟁점들뿐만 아니라, 과학기술의 사회·정치·문화적 측면을 함축한 다양한 사례와 현안을 다룬다.

계산하는 기계는 생각하는 기계가 될 수 있을까?
인공지능을 만든 생각들의 역사와 철학

잭 코플랜드 지음

박영대 옮김, 김재인 감수

과학책방 갈다 주목 신간(2020년 3월)

앨런 튜링 연구의 권위자, 인공지능과 컴퓨팅의 원리와 역사에 정통한 석학의 저작. 인공지능이란 화두에 내포된 사회적 철학적 쟁점을 토론에 부쳐 언어를 공유하는 공동체가 현실에 임박한 기계지성체의 존재를 어떻게 이해하고 대해야 하는지에 관한 기준점을 제시한다.

세포
생명의 마이크로 코스모스 탐사기

남궁석 지음

2020 우수출판콘텐츠 제작지원사업 선정

유기체의 기본 단위인 세포에 관한 거의 모든 지식. 세포 내 생리 작용의 본체인 단백질의 다양성은 상상을 초월한다. 생물학계의 최신 연구 사조는 단백질 '디자인'하여 인공세포, 합성생물을 만드는 데 도전하고 있다. 현대 생물학의 최전선에서 생명의 원리를 통합적으로 이해하도록 이끈다.

겸손한 목격자들
철새·경락·자폐증·성형의 현장에 연루되다

김연화·성한아·임소연·장하원 지음

문화일보 북리뷰 필진 2023 PICK 15

과학학의 한 갈래인 과학기술학은 복잡하고 전문화된 현대과학 이해에 매우 유용한 관점을 제시한다. 민족지를 연구하는 인류학자처럼 저자들은 과학지식이 실천·생산·유통되는 현장을 관찰하고 기록한다. 철새 도래지, 한의학물리실험실, 자폐스펙트럼장애 자녀를 돌보는 어머니 커뮤니티, 미인과학의 산실인 성형외과라는 각기 다른 장소에 연루된 저자들의 목격담은 블랙박스에 비유되는 과학의 문을 연다.

마린 걸스
두 여성 행동생태학자가 들려주는 돌고래 이야기

장수진, 김미연 지음

2023 서울국제도서전 '여름, 첫책' 선정작; 책씨앗 추천도서

2013년 7월 18일은 쇼 돌고래 세 마리의 야생 방류에 성공한 날이다. 이날 이후 제주 남방큰돌고래를 비롯해 한국의 바다에 서식하는 대형 해양동물을 연구 중인 한국 1호 해양동물 행동생태학자 장수진과 김미연의 첫 책이다. 돌고래의 행동생태에 관한 과학 지식과 함께 해양동물 연구의 현장을 생동감 있게 전달한다. 토종 해양생태학자가 열어젖힐 해양과학의 첫장이다.